1+X职业技能等级证书配套系列教材

Java应用开发

（初级）

北京中软国际信息技术有限公司 主 编

熊君丽 扶卿妮 李 毅 曾珍珍 李鸿宾 副主编

高等教育出版社·北京

内容提要

本书是 1+X 职业技能等级证书配套系列教材之一，以《Java 应用开发职业技能等级标准（初级）》为依据，由北京中软国际信息技术有限公司主持编写。

本书采用项目化编写模式，共分为 4 个项目：项目 1 通过猜拳游戏介绍 Java 基础知识；项目 2 通过群聊聊天室讲解 Socket、多线程等 Java 高级编程技术；项目 3 和项目 4 以会议管理系统为载体，通过 Web 数据库应用程序开发和 Web 应用程序打包部署，讲解 JSP、Servlet 和 JavaBean 技术结合 JDBC 编程开发动态网页、数据库连接池技术等。全书通过构建 25 个学习任务，引导学生学习 Java 应用开发的相关知识与技能，并培养其应用所学完成实际任务的能力。

本书配套微课视频、电子课件（PPT）、任务源码及习题解答等数字化学习资源。与本书配套的数字课程"Java 应用开发"在"智慧职教"网站（www.icve.com.cn）上线，学习者可以登录网站进行在线学习及资源下载，授课教师可以调用本课程构建符合自身教学特色的 SPOC 课程，详见"智慧职教"服务指南。教师也可发邮件至编辑邮箱 1548103297@ qq. com 索取相关教学资源。

本书可作为 Java 应用开发 1+X 职业技能等级证书（初级）认证的相关教学和培训教材，也可作为 Java 初学者的自学参考书，为从事 Java 后端开发、大规模数据库开发、系统接口测试、系统部署和运维等工作打下良好基础。

图书在版编目（CIP）数据

Java 应用开发：初级／北京中软国际信息技术有限公司主编 . -- 北京：高等教育出版社，2021.10
ISBN 978-7-04-056684-0

Ⅰ . ①J… Ⅱ . ①北… Ⅲ . ①JAVA 语言-程序设计-高等职业教育-教材 Ⅳ . ①TP312.8

中国版本图书馆 CIP 数据核字（2021）第 159698 号

Java Yingyong Kaifa

策划编辑	刘子峰	责任编辑	张 亮	封面设计	李卫青	版式设计 杨 树
插图绘制	于 博	责任校对	陈 杨	责任印制	赵 振	

出版发行	高等教育出版社	网 址	http://www.hep.edu.cn	
社 址	北京市西城区德外大街 4 号		http://www.hep.com.cn	
邮政编码	100120	网上订购	http://www.hepmall.com.cn	
印 刷	高教社（天津）印务有限公司		http://www.hepmall.com	
开 本	787 mm×1092 mm 1/16		http://www.hepmall.cn	
印 张	18			
字 数	330 千字	版 次	2021 年 10 月第 1 版	
购书热线	010-58581118	印 次	2021 年 10 月第 1 次印刷	
咨询电话	400-810-0598	定 价	49.80 元	

"智慧职教"服务指南

"智慧职教"是由高等教育出版社建设和运营的职业教育数字教学资源共建共享平台和在线课程教学服务平台,包括职业教育数字化学习中心平台(www.icve.com.cn)、职教云平台(zjy2.icve.com.cn)和云课堂智慧职教 App。用户在以下任一平台注册账号,均可登录并使用各个平台。

- 职业教育数字化学习中心平台(www.icve.com.cn):为学习者提供本教材配套课程及资源的浏览服务。

登录中心平台,在首页搜索框中搜索"Java 应用开发",找到对应作者主持的课程,加入课程参加学习,即可浏览课程资源。

- 职教云(zjy2.icve.com.cn):帮助任课教师对本教材配套课程进行引用、修改,再发布为个性化课程(SPOC)。

1. 登录职教云,在首页单击"申请教材配套课程服务"按钮,在弹出的申请页面填写相关真实信息,申请开通教材配套课程的调用权限。

2. 开通权限后,单击"新增课程"按钮,根据提示设置要构建的个性化课程的基本信息。

3. 进入个性化课程编辑页面,在"课程设计"中"导入"教材配套课程,并根据教学需要进行修改,再发布为个性化课程。

- 云课堂智慧职教 App:帮助任课教师和学生基于新构建的个性化课程开展线上线下混合式、智能化教与学。

1. 在安卓或苹果应用市场,搜索"云课堂智慧职教"App,下载安装。

2. 登录 App,任课教师指导学生加入个性化课程,并利用 App 提供的各类功能,开展课前、课中、课后的教学互动,构建智慧课堂。

"智慧职教"使用帮助及常见问题解答请访问 help.icve.com.cn。

　　2019 年国务院印发的《国家职业教育改革实施方案》中提出，要促进产教融合校企"双元"育人，构建职业教育国家标准，启动 1+X 证书制度试点工作。在此背景下，作为教育部批准的第四批 1+X 培训评价组织，北京中软国际信息技术有限公司（以下简称"中软国际"）依据《Java 应用开发职业技能等级标准》，与广东科学技术职业学院（以下简称"广科院"）联合开发了本套教材。

　　本书采用项目化编写模式，以职业能力培养为目标，以猜拳游戏、群聊聊天室和会议管理系统等项目为载体，构建相应的学习任务和学习情境，引导学生学习 Java 应用开发的相关知识与技能，并培养其应用所学完成实际任务的能力。

　　本书在总结了编者多年 Java 开发实践与教学经验的基础上，针对具体的 Java 项目，从语言基础、核心技术、Web 应用 3 个层次，全面、翔实地介绍了 Java 开发所需要的各种知识以及从软件安装、测试到部署的项目开发技能。全书共分为 4 个项目：项目 1 以实现猜拳游戏功能为目标，介绍了 Java 基础知识，包括 JDK 8 的安装、类的分析与设计、程序逻辑分析与控制以及程序运行与测试等；项目 2 以实现基于 Java 网络应用程序的群聊聊天室功能为目标，讲解了 Java 输入/输出流、集合、多线程、TCP/IP、Socket 编程及异常处理等 Java 高级编程技术；项目 3 以会议管理系统为载体，通过 Web 数据库应用程序开发，讲解了 MySQL 的安装、数据库设计原理、JDBC 在 Java 应用程序中的操作流程以及 JUnit 单元测试，并完成了项目需求分析、数据库设计以及用户注册登录等任务；项目 4 同样以会议管理系统为载体，通过 Web 应用程序的打包部署，讲解了 JSP、Servlet 和 JavaBean 技术结合 JDBC 开发动态网页，并讲解了如何使用 EL 和 JSTL 简化 JSP 页面开发，以及数据库连接池技术等，最终实现了系统的会议室管理、员工管理、部门管理等业务功能。

　　本书的项目及任务紧密围绕《Java 应用开发职业技能等级标准（初级）》的要求，重点培养学生在企业实际生产环境中的通用职业技能。此外，每个任务后的"知识小结"模块都配有与等级证书相对应的技能对照表，帮助学生梳理知识体系；每个项目后都配有覆盖相关知识与技能的课后练习题以巩固学习成果。

中软国际卓越研究院副院长周海、工程师杨强负责提供本书的项目源代码，并与广科院软件技术工程中心主任熊君丽共同确定了本书的编写体例。在本书开发前期，团队成员确立了项目化教材知识流水线、项目并行线式的编写方式，由李毅负责编写项目 1，熊君丽负责编写项目 2，曾珍珍与李鸿宾负责编写项目 3，扶卿妮与陈华政负责编写项目 4，常州信息职业技术学院朱利华、江苏电子信息职业学院徐义晗、集美大学诚毅学院何颖刚、福州英华职业学院郑宇星、湄洲湾职业技术学院谢金达、泉州经贸职业技术学院江军强参与了本书的编写工作，最后由龙立功完成了全书的审稿工作。在此，感谢所有参与本书开发的团队成员们自始至终携手共进、互相勉励，突破了校企沟通的时空障碍，顺利完成了全书的编撰工作。另外，还要特别感谢中软国际产学研合作部的领导以及广科院计算机工程技术学院院长曾文权对教材联合开发工作给予的大力支持！

由于编者水平有限，书中错误及不妥之处在所难免，恳请广大专家、读者批评指正。

编　者

2021 年 7 月

项目1　Java 应用程序开发基础（猜拳游戏） ·················· 001

学习目标 ···················· 001

项目介绍 ···················· 001

知识结构 ···················· 002

任务 1.1　安装 JDK 8 ···················· 002

　　任务描述 ···················· 002

　　知识准备 ···················· 002

　　任务实施 ···················· 003

　　知识小结【对应证书技能】 ···················· 006

　　知识拓展 ···················· 006

任务 1.2　阅读并理解需求 ···················· 007

　　任务描述 ···················· 007

　　知识准备 ···················· 007

　　任务实施 ···················· 008

　　知识小结【对应证书技能】 ···················· 009

　　知识拓展 ···················· 010

任务 1.3　实现计算机玩家类 ···················· 010

　　任务描述 ···················· 010

　　知识准备 ···················· 011

　　任务实施 ···················· 011

　　知识小结【对应证书技能】 ···················· 015

知识拓展 ………………………………………………………………… 016

任务 1.4 实现玩家功能 ……………………………………………………… 021

知识描述 ……………………………………………………………… 021

知识准备 ……………………………………………………………… 022

任务实施 ……………………………………………………………… 022

知识小结【对应证书技能】 ………………………………………… 025

知识拓展 ……………………………………………………………… 025

任务 1.5 实现游戏整体控制功能 ………………………………………… 032

任务描述 ……………………………………………………………… 032

知识准备 ……………………………………………………………… 032

任务实施 ……………………………………………………………… 033

知识小结【对应证书技能】 ………………………………………… 035

知识拓展 ……………………………………………………………… 036

任务 1.6 运行测试游戏 …………………………………………………… 038

任务描述 ……………………………………………………………… 038

知识准备 ……………………………………………………………… 038

任务实施 ……………………………………………………………… 040

知识小结【对应证书技能】 ………………………………………… 041

项目总结 …………………………………………………………………… 042

课后练习 …………………………………………………………………… 042

项目 2 网络应用程序开发（群聊聊天室） ……………………………… 044

学习目标 …………………………………………………………………… 044

项目介绍 …………………………………………………………………… 044

知识结构 …………………………………………………………………… 045

任务 2.1 理解需求与制订项目开发计划 ………………………………… 045

任务描述 ……………………………………………………………… 045

知识准备 ……………………………………………………………… 046

任务实施 ……………………………………………………………… 046

知识小结【对应证书技能】 ………………………………………… 047

任务 2.2 实现单客户端与服务器端连接 ………………………………… 048

　　　任务描述 ·· 048

　　　知识准备 ·· 048

　　　任务实施 ·· 051

　　　知识小结【对应证书技能】 ·· 053

　　　知识拓展 ·· 053

　任务 2.3　实现单客户端与服务器端的信息传输 ··· 054

　　　任务描述 ·· 054

　　　知识准备 ·· 055

　　　任务实施 ·· 056

　　　知识小结【对应证书技能】 ·· 062

　　　知识拓展 ·· 063

　任务 2.4　实现用户上线通知 ··· 064

　　　任务描述 ·· 064

　　　知识准备 ·· 064

　　　任务实施 ·· 065

　　　知识小结【对应证书技能】 ·· 071

　　　知识拓展 ·· 071

　任务 2.5　实现多客户端与服务器端信息交互与用户下线 ···························· 072

　　　任务描述 ·· 072

　　　知识准备 ·· 072

　　　任务实施 ·· 075

　　　知识小结【对应证书技能】 ·· 082

　项目总结 ··· 082

　课后练习 ··· 083

项目 3　Web 数据库应用程序开发（会议管理系统） ································· 085

　学习目标 ··· 085

　项目介绍 ··· 085

　知识结构 ··· 086

　任务 3.1　安装数据库 MySQL 8.0 ·· 087

　　　任务描述 ·· 087

知识准备 ……………………………………………………………………………… 087

任务实施 ……………………………………………………………………………… 087

知识小结【对应证书技能】…………………………………………………………… 090

知识拓展 ……………………………………………………………………………… 091

任务 3.2　编写需求说明书 …………………………………………………………… 092

任务描述 ……………………………………………………………………………… 092

知识准备 ……………………………………………………………………………… 092

任务实施 ……………………………………………………………………………… 093

知识小结【对应证书技能】…………………………………………………………… 097

知识拓展 ……………………………………………………………………………… 097

任务 3.3　制订项目开发计划和测试计划 …………………………………………… 098

任务描述 ……………………………………………………………………………… 098

知识准备 ……………………………………………………………………………… 098

任务实施 ……………………………………………………………………………… 099

知识小结【对应证书技能】…………………………………………………………… 102

知识拓展 ……………………………………………………………………………… 103

任务 3.4　设计数据库 ………………………………………………………………… 103

任务描述 ……………………………………………………………………………… 103

知识准备 ……………………………………………………………………………… 103

任务实施 ……………………………………………………………………………… 105

知识小结【对应证书技能】…………………………………………………………… 114

任务 3.5　实现用户登录 ……………………………………………………………… 115

任务描述 ……………………………………………………………………………… 115

知识准备 ……………………………………………………………………………… 116

任务实施 ……………………………………………………………………………… 116

知识小结【对应证书技能】…………………………………………………………… 120

知识拓展 ……………………………………………………………………………… 120

任务 3.6　实现用户注册和单元测试 ………………………………………………… 121

任务描述 ……………………………………………………………………………… 121

知识准备 ……………………………………………………………………………… 121

任务实施 ……………………………………………………………………………… 121

知识小结【对应证书技能】 ……………………………………………… 126

知识拓展 ………………………………………………………………… 127

项目总结 …………………………………………………………………… 129

课后练习 …………………………………………………………………… 129

项目 4　Web 应用程序打包发布（会议管理系统） …………………… 131

学习目标 …………………………………………………………………… 131

项目介绍 …………………………………………………………………… 131

知识结构 …………………………………………………………………… 132

任务 4.1　安装和配置 Tomcat …………………………………………… 133

任务描述 ………………………………………………………………… 133

知识准备 ………………………………………………………………… 133

任务实施 ………………………………………………………………… 134

知识小结【对应证书技能】 ……………………………………………… 135

任务 4.2　完成 Web 网站原型设计 ……………………………………… 136

任务描述 ………………………………………………………………… 136

知识准备 ………………………………………………………………… 136

任务实施 ………………………………………………………………… 136

知识小结【对应证书技能】 ……………………………………………… 144

知识拓展 ………………………………………………………………… 144

任务 4.3　设计系统页面 …………………………………………………… 145

任务描述 ………………………………………………………………… 145

知识准备 ………………………………………………………………… 145

任务实施 ………………………………………………………………… 147

知识小结【对应证书技能】 ……………………………………………… 162

知识拓展 ………………………………………………………………… 162

任务 4.4　实现与测试登录注册模块 ……………………………………… 169

任务描述 ………………………………………………………………… 169

知识准备 ………………………………………………………………… 169

任务实施 ………………………………………………………………… 171

知识小结【对应证书技能】 ……………………………………………… 187

知识拓展 ·· 188

任务 4.5 实现会议室管理模块 ·· 190

任务描述 ·· 190

知识准备 ·· 190

任务实施 ·· 192

知识小结【对应证书技能】 ·· 202

知识拓展 ·· 203

任务 4.6 实现部门管理和页面优化 ····································· 206

任务描述 ·· 206

知识准备 ·· 206

任务实施 ·· 208

知识小结【对应证书技能】 ·· 225

知识拓展 ·· 226

任务 4.7 实现人员管理模块 ··· 237

任务描述 ·· 237

知识准备 ·· 237

任务实施 ·· 239

知识小结【对应证书技能】 ·· 261

知识拓展 ·· 262

任务 4.8 项目打包与发布 ·· 265

任务描述 ·· 265

知识准备 ·· 265

任务实施 ·· 267

知识小结【对应证书技能】 ·· 271

项目总结 ··· 272

课后练习 ··· 272

参考文献 ·· 274

学习目标

本项目使用 Java 应用程序开发的基础知识开发一个游戏，最终达到如下职业能力目标：

1) 掌握 JDK 8 的安装方法。
2) 阅读并理解项目需求。
3) 掌握类的分析与设计方法。
4) 掌握程序逻辑的分析与控制方法。
5) 掌握程序的运行与测试方法。

PPT：项目 1
Java 应用程序
开发基础

项目介绍

本项目通过 Java 语言实现猜拳游戏，玩家选定角色后出拳，计算机随机出拳，并将两者猜拳结果显示出来，一局结束后，根据玩家选择，决定是继续游戏还是退出。

知识结构

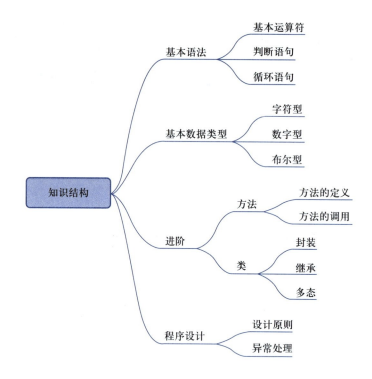

任务 1.1   安装 JDK 8

任务描述

要学习 Java 需要安装 JDK（Java Development Kit，Java 开发工具包）并进行环境配置。

本任务将实现在 Windows 环境下进行 JDK 8 的安装及配置，为进行 Java 开发做准备。

知识准备

JDK 从字面意思理解就是 Java 开发工具包，主要用于移动设备、嵌入式设备上的 Java 应用程序开发。JDK 是整个 Java 开发的核心，它包含了 Java 的运行环境（JVM+Java 系统类库）和 Java 工具。

如果没有 JDK，Java 程序是无法编译的（指 Java 源码，即 .java 文件）；如果只是想运行 Java 程序（指 class、jar 或其他归档文件），也要确保已安装相应的 JRE（Java Runtime Environment，Java 运行环境）。

JDK 包含的基本组件如下。

1）javac：编译器，将源程序转成字节码。

2）jar：打包工具，将相关的类文件打包成一个文件。

3）javadoc：文档生成器，从源码注释中提取文档。

4）jdb：Java debugger，查错工具。

5）java：运行编译后的 Java 程序（以 .class 作为扩展名的文件）。

6）appletviewer：小程序浏览器，一种执行 HTML 文件上的 Java 小程序的 Java 浏览器。

7）javah：产生可以调用 Java 程序的 C 过程，或建立能被 Java 程序调用的 C 过程的头文件。

8）javap：Java 反汇编器，显示编译类文件中的可访问功能和数据，同时显示字节代码含义。

9）jconsole：Java 进行系统调试和监控的工具。

JDK 的结构图如图 1-1 所示。本书中默认已安装 Java 集成开发工具 Eclipse。关于 Eclipse 的安装请参考相关资料，本书中不再赘述。

图 1-1 JDK 结构图

任务实施

步骤 1：下载 JDK 程序并进行安装。

从 JDK 官网下载地址 http://www.oracle.com/java/technologies/javase-downloads.html 下载 JDK 安装文件后双击启动安装程序，如图 1-2 所示。

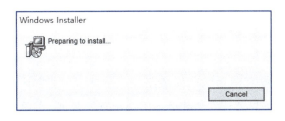

图 1-2 启动 JDK 安装

微课 1-1
JDK 安装演示

步骤 2：安装向导界面，单击"下一步"按钮开始安装 JDK，如图 1-3 所示。

步骤 3：选择安装界面列表中的功能，可以选择默认安装或者根据实际需要进行选择性安装。如需更改安装目录，单击"更改"按钮，如图 1-4 所示。

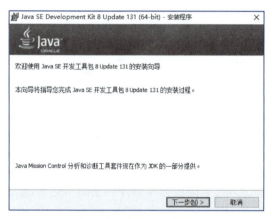

图 1-3　安装向导界面　　　　　　　　　　图 1-4　确定安装功能

步骤 4：确认更改安装目录。

例如，更改安装目录为指定路径 C：\firday\tool\Java，然后单击"确定"按钮，如图 1-5 所示，待返回上一安装界面后，单击"下一步"按钮继续安装，如图 1-6 所示。

图 1-5　确认更改安装目录　　　　　　　　图 1-6　更改安装目录后的安装内容界面

步骤 5：等待 JDK 安装组件，如图 1-7 和图 1-8 所示。

步骤 6：更改 JRE 目录。

由于前面的安装并没有使用默认安装路径（图 1-5），接下来的安装过程需要更改 JRE 的安装目录（注：如果默认安装的话就不会出现该界面），单击"更改"按钮修改设定文件夹为 C：\firday\tool\Java\jre1.8.0_131，如图 1-9 所示。

步骤 7：确定更改后 JRE 安装目录文件夹，单击"下一步"按钮继续，如图 1-10 所示。

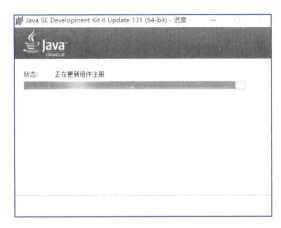

图 1-7　更新组件

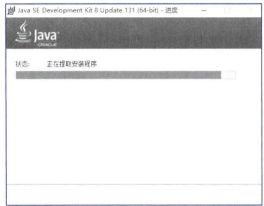

图 1-8　提取安装程序并进行安装

图 1-9　更改 JRE 目录

图 1-10　确定 JRE 安装目录

步骤 8：等待 JRE 安装，如图 1-11 所示。

步骤 9：安装完成后，单击"关闭"按钮即可，如图 1-12 所示。

图 1-11　JRE 安装

图 1-12　安装完成

知识小结【对应证书技能】

JDK 包含了 Java 程序的编译、解释执行工具以及 Java 运行环境（即 JRE）。作为基本开发工具，JDK 也是其他 Java 开发工具的基础。也就是说，在安装其他开发工具和集成开发环境以前，必须首先安装 JDK。

初学者使用 JDK，可以把精力集中在 Java 语言语法的学习上，这样能够体会到更底层、更基础的知识，对于以后的程序开发很有帮助。

本任务知识技能点与等级证书技能的对应关系见表 1-1。

表 1-1　任务 1.1 知识技能点与等级证书技能对应

任务 1.1 知识技能点		对应证书技能			
知识点	技能点	工作领域	工作任务	职业技能要求	等级
1. 了解 JDK	1. 掌握 JDK 的安装	1. 开发和运行环境搭建	1.3 应用服务器安装	1.3.1 根据指导手册，能在 Windows 和 Linux 上安装 JDK	初级

知识拓展

JVM（Java Virtual Machine，Java 虚拟机）是一种用于计算设备的规范。它是一个虚拟出来的计算机，是通过在实际的计算机上仿真模拟各种计算机功能来实现的。

计算机程序运行时需要一定的平台支持，一般来说特定的计算机语言编写的代码要在相对应的平台环境中才能运行。例如，任天堂公司的红白游戏机上的游戏只能在该公司生产的游戏机上才能运行，直接拿到计算机上肯定无法直接运行。这样就带来一个问题：如果现在只有计算机，又想玩任天堂的游戏怎么办呢？如何把软件移植到另一个平台？

如果用新的平台语言重新编写一遍程序就会十分烦琐，Java 语言的解决办法就是创建一个虚拟机，无论是哪种平台（操作系统），只要能够支持 Java 虚拟机，那么用 Java 开发的程序都可以在这个虚拟机中运行。

Java 虚拟机本质上就是一个程序，当它启动的时候，就开始执行保存在字节码文件中的指令。Java 语言的可移植性正是建立在 Java 虚拟机的基础上。任何平台只要装有对应于该平台的 Java 虚拟机，字节码文件（.class）就可以在该平台上运行，这就是"一次编译，随处运行"。

任务 1.2　阅读并理解需求

微课 1-2
JDK 及 JVM 介绍

任务描述

只有软件开发人员充分理解了客户的需求，才能开发出符合客户需求的产品。需求分析是软件计划阶段的重要活动，也是软件生存周期中的一个重要环节。该阶段要分析系统在功能上需要"实现什么"，而不是考虑如何去"实现"。

需求分析的目标是把客户对开发软件提出的"要求"或"需要"进行分析与整理，确认后形成描述完整、清晰与规范的文档，确定软件需要实现哪些功能、完成哪些工作。

此外，确认软件的一些非功能性需求（如软件性能、可靠性、响应时间与可扩展性等）、软件设计的约束条件以及运行时与其他软件的关系等也是软件需求分析的目标。

本任务主要实现理解猜拳项目整体功能及各个模块的主要功能，为日后编程打下基础。

知识准备

1. 需求分析

需求分析的内容是针对待开发软件提供完整、清晰、具体的要求，具体分为功能性需求、非功能性需求与设计约束 3 个方面。

（1）功能性需求

功能性需求即软件必须实现哪些功能，以及为了向客户提供这些功能所要执行的动作。开发人员需要与客户进行交流，了解客户需求。

（2）非功能性需求

作为对功能性需求的补充，软件需求分析的内容中还应该包括一些非功能性需求。这主要包括软件使用时对性能和运行环境的要求，软件设计必须遵循的相关标准、规范，用户界面设计的具体细节，以及未来可能的扩充方案等。

（3）设计约束

设计约束一般也称作设计限制条件，通常是对一些设计或实现方案的约束说明。例如，要求待开发软件必须使用 MySQL 数据库系统完成数据管理功能，或运行时必须基于 Windows 环境等。

2. 猜拳游戏的需求

（1）功能需求

1）计算机玩家出拳：利用随机数决定计算机玩家出什么拳，出拳限制在剪刀、石头和布 3 种情况之中。

2）玩家出拳：玩家通过输入数字决定出什么拳，同样，出拳限制在剪刀、石头和布 3 种情况之中。

3）判定：系统通过计算机及玩家出拳情况判定胜负，并显示判定结果。

4）重玩：一局游戏结束后，玩家决定是否重新开始游戏。

（2）非功能需求

本任务暂不涉及非功能需求，读者可自行设计程序界面等。

微课 1-3
猜拳游戏介绍

任务实施

步骤 1：猜拳游戏功能介绍。

项目实现玩家与计算机之间进行猜拳游戏，游戏流程图如图 1-13 所示。

从流程图中可以看出，整个程序流程的关键点有两个条件判断及一个循环结构，在进行程序编写时要注意这 3 个地方的实现。

步骤 2：确定核心知识点。

该案例的主要目标是熟悉 Java 语言的基本语法，理解面向对象编程的基本概念。所涉及的核心知识点有如下 4 个：

1）面向对象基本概念。

2）Java 类的结构。

3）Java 运算符。

4）流程控制。

面向对象（Object Oriented）是目前软件开发常用的方法，是一种对现实世界进行理解和抽象的方法，也是计算机编程技术发展到一定阶段后的产物。换句话说，面向对象并不是什么高深莫测的东西，而是在软件开发的过程中对如何提高开发效率总结出来的一种经验和规范。面向对象的程序设计是沟通计算机与人类现实世界的桥梁，为程序员提供了一种更易理解和接受的编程手段。

面向对象是相对于面向过程来讲的，面向对象的编程方法是把相关的数据和方法作为一个整体来看待，从更高的层次来进行系统建模，是更接近现实世界的抽象方式。

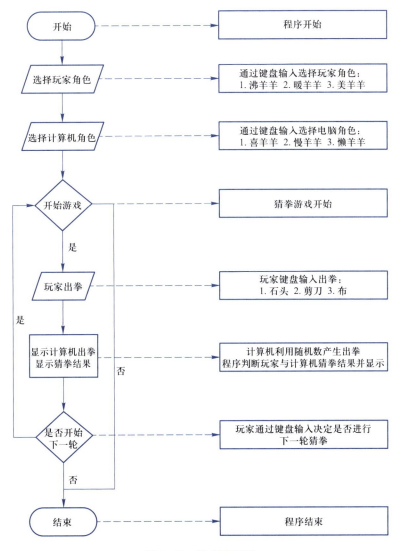

图 1-13 游戏流程图

步骤 3：任务分解。

将项目分解为如下 4 个任务类。

1）计算机功能（ComputerPlayer. java）：实现案例中计算机角色的功能。

2）玩家功能（PersonPlayer. java）：实现案例中玩家角色的功能。

3）游戏控制功能（Game. java）：实现案例中游戏控制的功能。

4）运行游戏（Test. java）：实现游戏运行的功能。

知识小结【对应证书技能】

需求分析是项目编码前所做的工作，目的是为了更加充分的理解项目的需求，明确项目的内容和方向。

本任务对猜拳游戏项目的内容和功能模块进行了较为详尽的介绍和分析，为后续编码实现的顺利完成做准备。

重点掌握内容：

1）对需求的理解。

2）Java 语言基本语法。

本任务知识技能点与等级证书技能的对应关系见表 1-2。

表 1-2   任务 1.2 知识技能点与等级证书技能对应

任务 1.2 知识技能点		对应证书技能			
知识点	技能点	工作领域	工作任务	职业技能要求	等级
1. 面向对象基本概念 2. Java 类的结构 3. Java 运算符 4. 流程控制	1. 掌握面向对象程序设计方法 2. 掌握使用运算符编写代码 3. 掌握程序流程控制编写代码	2. 应用程序代码编写	2.1 Java SE 编程开发	2.1.1 熟练掌握 Java 基本语法 2.1.2 能理解面向对象程序设计的抽象和封装	初级

知识拓展

面向对象的三大特征是封装、继承和多态，如图 1-14 所示。

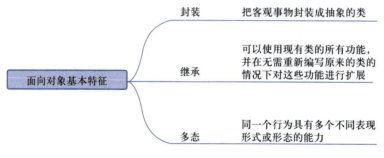

图 1-14   面向对象三大特征

任务 1.3   实现计算机玩家类

任务描述

编程实现计算机玩家类，该类实现计算机玩家的属性及方法，所有涉及计算机玩家的内容都放在这个类中。

知识准备

Java 语言中的 Math 类包含了用于执行基本数学运算的属性和方法，如初等指数、对数、平方根和三角函数等。

Math 的方法都被定义为 static 形式，通过 Math 类可以在主函数中直接调用。这就意味着如果要在 Java 程序中进行有关数学方面的处理，大部分情况下只需要调用 Math 类中对应的方法即可实现。Math 类中几个常见的方法见表 1-3。

表 1-3　Math 类中的常见方法及含义

方　法　名	含　　义
abs(x)	返回数字 x 的绝对值
ceil(x)	返回大于等于（>=）x 的最小整数，类型为双精度浮点型
floor(x)	返回小于等于（<=）x 的最大整数
round(x)	表示四舍五入，算法为 Math.floor(x+0.5)
random()	返回一个 0 到 1 之间的随机数

学习本任务，还需要掌握的主要知识点如下：

1）Java 类的基本结构。

2）属性。

3）方法。

4）构造方法。

5）if/else 语句。

6）switch/case 语句。

面向对象程序设计的基本单元就是类（Class），可以说面向对象就是建立在类的基础上的程序设计。类定义了一件事物的抽象特点，通常来说，类定义了事物的属性及其可以做到什么（称为行为）。

面向对象的程序设计思路更接近于对现实世界的描述。现实世界是由各类不同的事物组成的，每一类事物都有共同的特点，各个事物互相作用构成了多彩的世界，而这些事物就是面向对象程序设计中的类。因此，可以这样认为，在现实世界要处理的事情，如果要使用计算机来进行处理，可以转换为对类的处理。

任务实施

步骤 1：创建工程及类。

打开 Eclipse，新建工程，如图 1-15 所示。

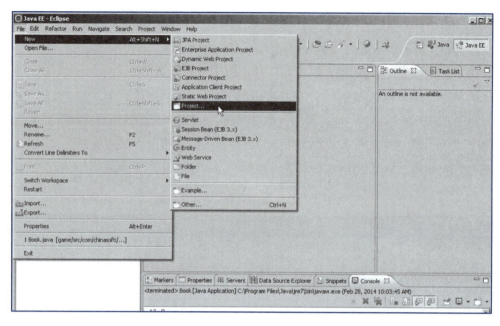

图 1-15　新建工程

步骤 2：选中 Java Project，单击"next"按钮，输入工程名 game，如图 1-16 和图 1-17 所示。

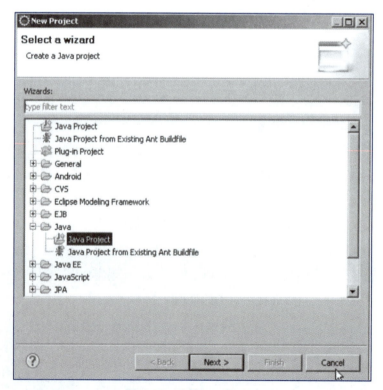

图 1-16　选择 Java Project

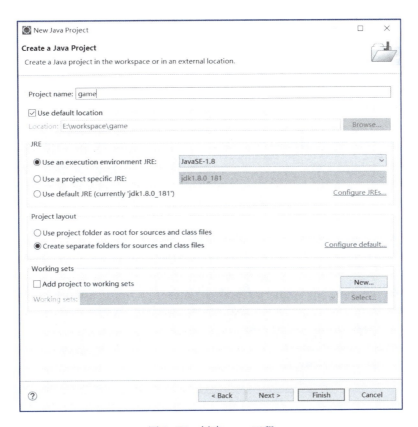

图 1-17　创建 game 工程

步骤 3：新建一个类，如图 1-18 所示。

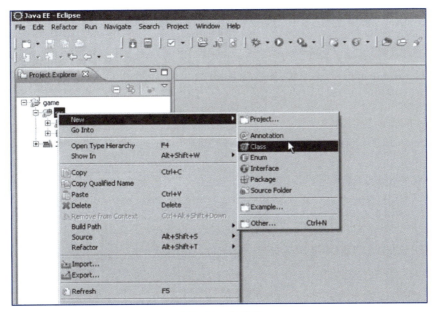

图 1-18　新建类

步骤 4：创建包 com. chinasofti. game. guess，如图 1-19 所示。

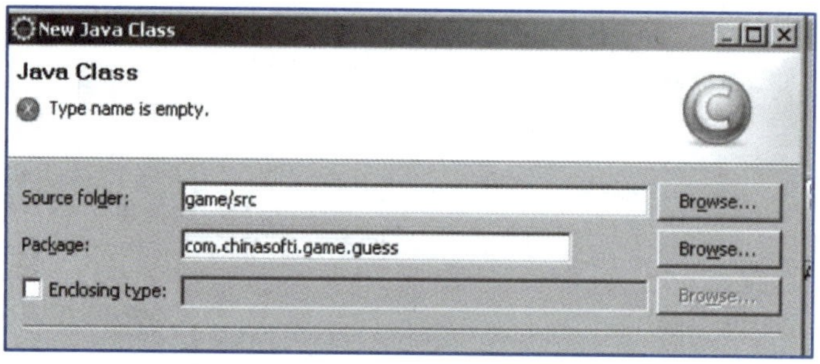

图 1-19 创建包 com. chinasofti. game. guess

步骤 5：在 src 目录下创建 ComputerPlayer 类，如图 1-20 所示。

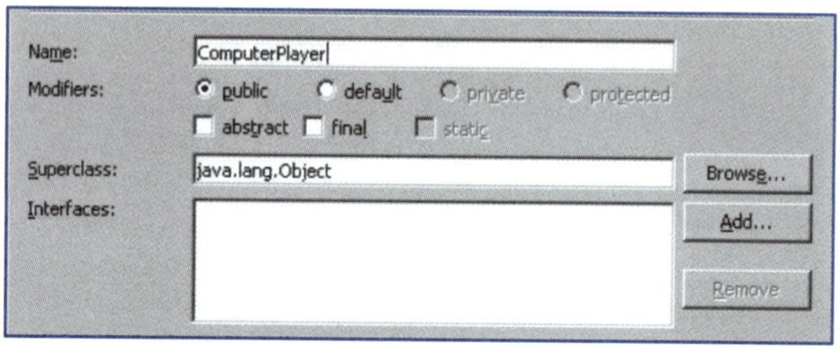

图 1-20 创建类 ComputerPlayer

微课 1-4
创建玩家类

步骤 6：为 ComputerPlayer 类添加 playerName 及 score 两个属性。

代码如下：

```
private String playerName;
private int score;
```

步骤 7：为 ComputerPlayer 类添加构造函数、两个属性对应的 getter/setter 方法及 addScore 方法。

代码如下：

```
public ComputerPlayer( ) {
    super( );
}
public ComputerPlayer(String playerName) {
    this. playerName = playerName;
}
public String getPlayerName( ) {
    return playerName;
```

```
}
public void setPlayerName(String playerName){
    this.playerName = playerName;
}
public int getScore(){
    return score;
}
public void addScore(){
    score++;
}
}
```

步骤 8：实现计算机出拳方法。

show 方法实现代码如下：

```
public int show(){
    int num;
    num=(int)(Math.random()*100);
    if(num<=33){
        num=1;
    }else if(num<=67){
        num=2;
    }else{
        num=3;
    }
    switch(num){
        case 1:System.out.println(playerName+"出拳:石头");break;
        case 2:System.out.println(playerName+"出拳:剪子");break;
        case 3:System.out.println(playerName+"出拳:布");break;
    }
    return num;
}
```

知识小结【对应证书技能】

通过 Eclipse 创建 Java 项目，在项目中创建计算机玩家类（ComputerPlayer），并添加相应属性及方法。

重点掌握内容：

1）创建类的方法。

2）类的属性和方法。

3）类的构造函数。

4）if 和 switch 逻辑控制语句。

本任务知识技能点与等级证书技能的对应关系见表 1-4。

表 1-4　任务 1.3 知识技能点与等级证书技能对应

任务 1.3 知识技能点		对应证书技能			
知识点	技能点	工作领域	工作任务	职业技能要求	等级
1. Java 类的基本结构 2. 属性 3. 方法 4. 构造方法 5. if/else 语句 6. switch/case 语句	1. 掌握类的创建 2. 掌握类的属性创建 3. 掌握类的方法创建 4. 掌握构造方法的使用 5. 掌握分支语句的使用	2. 应用程序代码编写	2.1 Java SE 编程开发	2.1.1 熟练掌握 Java 基本语法 2.1.2 能理解面向对象程序设计的抽象和封装 2.1.3 能理解继承，会灵活使用继承 2.1.4 能理解多态，会灵活使用多态	初级

知识拓展

1. Java 类的基本结构

Java 是面向对象的编程语言，任何一个 Java 应用都是由一个或多个 Java 类组成的。Java 类的基本结构如图 1-21 所示。

Java 类的声明形式如下，其中［］的内容是可选的（根据需要来确定）。

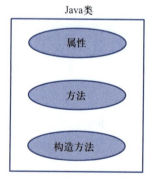

图 1-21　Java 类基本结构图

微课 1-5
Java 基本语法

［访问权限修饰符］［修饰符］class 类名｛
类体
｝

访问权限修饰符含义见表 1-5。

表 1-5 访问权限修饰符含义表

访问权限修饰符	含 义
public	表明该类是一个公共类，可被任何类访问
private	表明是一个私有类，只能作为内部类，不能被除宿主类以外的其他类访问
protected	表明该类是一个受保护的类，只能被自身类、自身类的子类以及与其自身类同包的类访问

修饰符含义见表 1-6。

表 1-6 修饰符含义表

修饰符	含 义
static	只能用于修饰内部类，代表该类是一个静态类。静态类是其宿主类的固有对象，在访问权限允许的情况下可以在宿主类之外创建其实例，也可以直接引用
final	指明该类为最终类，不会有子类，因此不能被继承
abstract	指定该类为抽象类，它不能被实例化

创建一个公有 Book 类示例如下：

```
package com. chinasofti. corejava;
public class Book {



}
```

2. 属性

一个具体事物总是有许许多多的性质与关系，事物的性质与关系就叫作事物的属性。一个类的属性可以看作是对于这个类的静态信息的描述。例如，对于学生这个类，可以把姓名、学号、年龄等信息看作是学生类的属性。

属性定义的语法如下，其中［］内的内容是可选的。

［访问权限修饰符］［修饰符］数据类型 属性名［＝初值］;

创建属性示例如下：

```
package com. chinasofti. corejava;
public class Book {
    private String title;        //书的标题
    private double price;        //书的价格
```

```
        private String author;//书的作者
    …
    }
```

类的属性是声明在类体中的数据，通常使用 private 权限修饰符，表示该属性只能在当前类中使用。也可以选择使用 public、protected 或者默认权限。

属性必须在声明的时候指定数据类型。Java 中有两种数据类型，一种是基本数据类型，如 byte、short、int、long、float、double、char、boolean，其他的都是引用数据类型。

3. 方法

方法是类的行为，说明类能够做什么或实现什么。一个类的方法可以看作是对这个类的动态信息的描述。例如，学生类可以有选课、考试等方法。

Java 类中的方法声明形式如下，其中 [ ] 内的内容是可选的。

```
[访问权限修饰符] [修饰符] 返回值数据类型 方法名(形式参数列表) {
方法体
}
```

创建方法示例如下：

```
public class Book {
    …
    public double getPrice() {
        return price;
    }
    public void setPrice(double price) {
        this. price = price;
    }
    …
}
```

Java 类中的方法一般会有使用 public 权限的，也可以有使用 protected、默认、private 权限的，在类中声明方法就是为了在其他类中（包括在其他包的非子类中）使用这些方法，而有了 public 权限就可以在其他类中（包括在不同包中的非子类中）对类中的方法进行调用。

如果方法不需要返回值，使用 void 关键字；如果需要返回值，也就是方法需要以 return 语句返回结果，则要指定一个数据类型作为方法返回值类型。另外，方法声明时必须指定形式参数列表，如果不需要形式参数，参数列表可以为空。

4. 构造方法

构造方法是一种特殊的方法，它是一个与所在的类同名的方法。构造方法用于对类进行实例化。对象的创建需要通过构造方法来完成，其功能主要是完成对象的创建和初始化。当实例化一个类的对象时一定会调用该类的构造方法。

声明构造方法的语法如下：

［访问权限修饰符］类名（形式参数列表）｛方法体｝

构造方法有如下两个特征：

1）名字与类名相同。

2）不能声明返回值类型。

声明构造方法的示例如下：

```java
public class Book {
    ...
    public Book(String title) {
        this.title = title;
    }
    public Book(String title, double price, String author) {
        this.title = title;
        this.price = price;
        this.author = author;
    }
    ...
}
```

Java 类中总是会存在一个或多个构造方法。如果没有显式声明构造方法，类中将存在一个默认的无参构造方法。可以根据具体需要在一个类中定义多个构造方法。构造方法的主要作用是用来实例化，方法体常常用来初始化属性值。

构造方法的调用示例如下：

```java
public static void main(String[] args) {
    Book book = new Book("Java", 35, "Tom");
    System.out.println("这本书的价格:" + book.getPrice());
}
```

运行上述代码可以看到，书的价格为 35.0。如果创建 book 类对象的时候只指定了 title 参数，则书的价格会显示 0.0。

5. if/else 语句

if/else if/else 是一种常见的分支语句，结构如下：

```
if(表达式){
}else if(表达式){
}else if(表达式){
}
…
else{
}
```

if 后面表达式的数据类型一定是 boolean 类型，也就是说，表达式的结果一定只有真或者假两种情况。在 Java 语言中，"="代表的意义是赋值而不是等于，表示等于要用两个等号，因此初学者很容易在表达式中写一个"="号，这样语法上是错误的。例如，要判断 x 的值是否等于 3，if(x=3)形式的代码会有编译错误，无法执行，必须写成 if(x==3)。

示例如下：

```
int x=85;
if(x>90){
    System.out.println("A");      //当 x 的值大于 90 时输出 A
}else if(x>80){
    System.out.println("B");      //当 x 的值大于 80 并且小于 90 时输出 B
}else if(x>70){
    System.out.println("C");      //当 x 的值大于 70 并且小于 80 时输出 C
}else{
    System.out.println("D");      //当 x 的值小于等于 70 时输出 D
}
```

以上程序代码执行的结果是输出 B。读者可以尝试改变 x 的值并观察输出结果，看是否与自己的判断一致。

当每个分支只有一条语句时，可以不使用{}。虽然在语法上这样写是可以的，但是为了提高代码的可读性，以及减少日后修改代码时可能引起的问题，建议即便分支只有一条语句也要使用{}将其括起来。

6. switch/case 语句

switch/case 是除 if/else 之外的另外一种常见的分支语句，称为开关语句，也称为多条件分支语句，其结构如下：

```
switch(变量){
case 开关值1：该开关下执行的语句
case 开关值2：该开关下执行的语句
…
default：变量值与开关值都不符合的情况下执行
}
```

switch 后的变量类型只能是 byte、short、int、char 或 enum，其他类型的数据类型不能使用。

示例如下：

```
int y=3；
switch(y){
case 1：System. out. println("第一级")；break；
case 2：System. out. println("第二级")；break；
case 3：System. out. println("第三级")；break；
default：System. out. println("其他级别")；
}
```

以上程序代码执行的结果是输出"第三级"，请读者思考其原因。可改变 y 的值观察输出结果的变化。

需要注意的是，case 后的值决定了"入口"，而 break 决定了"出口"。如果上述代码中缺少了 break，程序在执行到某个分支的时候不会结束 switch 语句而是会继续执行下一个 case 分支输出的结果。读者可自行去掉代码中的 3 个 break 并观察程序运行结果。

任务 1.4　实现玩家功能

任务描述

编写玩家类，该类要包含玩家的属性及方法，所有涉及玩家的内容都放在这个类中。类中的属性描述玩家类的基本数据，类中的方法实现通过键盘输入确定玩家的出拳种类。

知识准备

Scanner 类

Scanner 类是一个可以解析基本类型数据和字符串数据的简单文本扫描器，能够从 System. in 中读取键盘录入的数据，进而对玩家输入的数据进行相应的处理。

使用 Scanner 类的基本操作步骤如下：

1）导入包。使用 import 关键字在类的所有代码之前导入包或者要使用的类，java. lang 包下的所有类无须导入。导入包代码如下：

```
import java. util. Scanner;
```

2）创建对象。使用该类的构造方法，创建一个该类的对象。代码如下：

```
Scanner sc = new Scanner( System. in);
```

3）调用方法。调用该类的成员方法，完成获取键盘输入，并将其转换为 int 型数据的功能。代码如下：

```
int num = sc. nextInt( );
```

任务实施

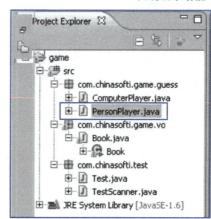

微课 1-6
实现玩家功能

步骤 1：创建 PersonPlayer 类。

在任务 1.3 的项目中的 src 目录下新增 PersonPlayer 类，如图 1-22 所示。

步骤 2：添加 PersonPlayer 类中的属性和方法。

PersonPlayer 类中需要创建的内容如下：

1）名字及分数两个属性。

2）构造函数。

3）两个属性对应的 getter/setter 方法。

4）分数增加 addScore 方法。

代码如下：

图 1-22　新增 PersonPlayer 类

```
package com. chinasofti. game. guess;
public class PersonPlayer {
    private String personName;
    private int score;
```

```
public PersonPlayer( ) {
    super( );
}           //无参构造函数
public PersonPlayer(String personName) {
    super( );
    this. personName = personName;
}           //有参构造函数
public String getPersonName( ) {
    return personName;
}           //名字 getter 方法
public void setPersonName(String personName) {
    this. personName = personName;
}           //名字 setter 方法
public int getScore( ) {
    return score;
}           //分数 getter 方法
public void addScore( ){
    score++;
}           //分数加 1 方法
}
```

　　属性对应的 getter/setter 方法可以使用 Eclipse 的 Source 菜单下面的 Generate Getters and Setters 命令自动生成，如图 1-23 所示。

　　步骤 3：实现核心方法 show 方法。

　　实现 show 方法需要注意如下 3 个问题：

　　1）使用 Scanner 扫描控制台的键盘输入，从而得到玩家的出拳选择。

　　2）使用分支逻辑设计算法。

　　3）该方法需要一个返回值。

　　show 方法实现代码如下：

```
public int show( ){
    Scanner input = new Scanner(System. in);
    System. out. print(" \n 请出拳:1. 石头 2. 剪刀 3. 布");
    int num = input. nextInt( );
```

```
    switch(num){
    case 1:System. out. println("你出拳:石头");break;
    case 2:System. out. println("你出拳:剪刀");break;
    case 3:System. out. println("你出拳:布");break;
    }
    return num;
}
```

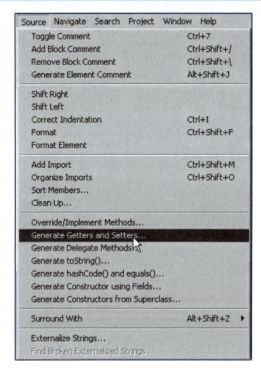

图 1-23　Generate Getters and Setters 命令自动生成代码

步骤 4：测试功能。

每一个类编码完成后，都应该及时进行代码级别的测试。初级阶段，可以使用 main 方法，进行一些方法调用进行测试。

测试代码如下：

```
public static void main(String[ ] args){
    PersonPlayer player=new PersonPlayer( );
    System. out. println(player. show( ));
}
```

程序运行测试效果如图 1-24 所示：

```
Run:    TestGame ×
    ►   ↑   "D:\Program Files\Java\jdk1.8.0_111\bin\java.exe" ...
    ■   ↓
    ◎   ⇥   请出拳：1.石头2.剪刀 3.布2
    ≋   ⇟   你出拳：剪刀
    ⇥   ⎙   2
    ⊞   🗑   Process finished with exit code 0
```

图 1-24　程序运行测试效果

知识小结【对应证书技能】

通过 Scanner 类接收用户键盘输入数字，确定用户玩家出拳种类。

重点掌握内容：

1）Scanner 类的使用方法。

2）有返回值的方法实现。

3）程序逻辑控制语句。

本任务知识技能点与等级证书技能的对应关系见表 1-7。

表 1-7　任务 1.4 知识技能点与等级证书技能对应

任务 1.4 知识技能点		对应证书技能			
知识点	技能点	工作领域	工作任务	职业技能要求	等级
1. Scanner 类 2. 构造函数	1. Java输入/输出的方法 2. 初始化类	2. 应用程序代码编写	2.1 Java SE 编程开发	2.1.7 会使用 Java 字符串类和其他常用类 2.1.8 掌握 Java 输入/输出的方法	初级

知识拓展

1. 继承

微课 1-7
继承、封装和多态

面向对象编程语言的一个主要功能就是"继承"。继承是指这样一种能力：它可以使用现有类的所有功能，并在无须重新编写原来的类的情况下对这些功能进行扩展。

举例说明：如果一个类 A 已经创建成功，并且其中功能也已经编写实现，再创建一个新的类 B 的时候又想用到类 A 中已经完成编码的某些功能时，再重复写一遍相同的代码当然不如直接利用写好的代码。因此，可以通过继承的方式，声明 B 类继承 A 类，这样 A

类中的内容就会继承到 B 类之中，程序员只需要在 B 类中增加 A 类中没有的功能，或者修改 A 类中的某些功能就可以了。

通过继承而创建的新类 B 称为"子类"或"派生类"，被继承的类 A 称为"基类""父类"或"超类"。继承的过程，就是从一般到特殊的过程。要实现继承，可以通过"继承"（Inheritance）和"组合"（Composition）来实现。

在某些面向对象的编程语言（Object Oriented Programming, OOP）中，一个子类可以继承多个基类。但是一般情况下，一个子类只能有一个基类，要实现多重继承，可以通过多级继承来实现。

继承概念的实现方式有 3 类：实现继承、接口继承和可视继承。

1）实现继承是指使用基类的属性和方法而无需额外编码的能力。

2）接口继承是指仅使用属性和方法的名称，但是子类必须提供实现的能力。

3）可视继承是指子窗体（类）使用基窗体（类）的外观和实现代码的能力。

有一点需要注意，在考虑使用继承时，两个类之间的关系应该是"属于"关系。例如，Employee 是一个人，Manager 也是一个人，因此这两个类都可以继承 Person 类。但是 Leg 类却不能继承 Person 类，因为腿并不是一个人。

接口仅定义属性和将由子类实现的一般方法，创建接口时，要使用关键字 Interface 而不是 Class。

OOP 开发流程大致为：划分对象→抽象类→将类组织成为层次化结构（继承和合成）→用类与实例进行设计和实现几个阶段。

下面演示创建动物类，并通过继承方式生成猫狗两个子类，test 测试类实例化猫狗两个对象，并调用吃、奔跑，睡觉等方法。程序示例如下：

（1）Animal 类（父类）

```java
package com. chinasofti. animal;
public class Animal {
    private String name;          //动物名字
    private int month;            //动物月份,以月为单位计算年龄
    private String species;       //动物种类
    public Animal( ) {

    }
    public String getName( ) {
```

```
        return name;
    }                                //获取动物名字
    public void setName(String name) {
        this.name = name;
    }                                //设置动物名字
    public int getMonth() {
        return month;
    }                                //得到动物月份
    public void setMonth(int month) {
        this.month = month;
    }                                //设置动物月份
    public String getSpecies() {
        return species;
    }                                //得到动物种类
    public void setSpecies(String species) {
        this.species = species;
    }                                //设置动物种类
    //定义动物吃东西的方法
    public void eat() {
        System.out.println(this.getName()+"在吃东西");
    }
}
```

（2）Cat 类（子类）

```
package com.chinasofti.animal;
public class Cat extends Animal {
    private double weight;      //属性,猫的重量
    public Cat() {
    }
    public double getWeight() {
        return weight;
    }                        //得到猫的重量
    public void setWeight(double weight) {
        this.weight = weight;
```

```
                              //设置猫的重量
                              //创建猫奔跑的方法
        public void run( ){
            System. out. println ( this. getName ( ) +" 是一只" +getSpecies ( ) +" 的猫,它
    在跑。") ;
        }
    }
```

（3）Dog 类（子类）

```
package com. chinasofti. animal;
public class Dog extends Animal {
    private String sex;
    public Dog( ) {
    }
    public String getSex( ) {
        return sex;
    }   //得到狗的性别
    public void setSex(String sex) {
        this. sex = sex;
    }   //设置狗的性别


        //创建狗睡觉的方法
    public void sleep( ){
        System. out. println( this. getName( )+"现在" +this. getMonth( )+"个月大,正在
    睡觉中……") ;
    }
```

（4）Test 类（测试类）

```
package com. chinasofti. test;
import com. chinasofti. animal. Cat;
import com. chinasofti. animal. Dog;
public class Test {
    public static void main(String[ ] args) {
        Cat myCat =new Cat( );
```

```
        myCat. setName("Tom");              //设置猫的名字
        myCat. setSpecies("英国短毛猫");     //设置猫的种类
        myCat. eat();                        //猫吃东西的方法,调用的是父类方法
        myCat. run();                        //猫奔跑的方法,调用的是猫子类的方法
        System. out. println("================");
        Dog myDog=new Dog();
        myDog. setName("Spike");            //设置狗的名字
        myDog. setMonth(3);                  //设置狗月龄
        myDog. eat();                        //调用狗吃东西的方法,父类方法
        myDog. sleep();                      //调用狗睡觉的方法,子类方法
    }
}
```

2. 多态

多态性（Polymorphism）是允许将任何一个子类型的对象赋值给父类型的引用的技术，赋值之后，父对象就可以根据当前赋值给它的子对象的特性以不同的方式运作。简单来说就是一句话：允许将子类类型对象的地址赋值给父类类型的引用。

多态的思想实际上是把"做什么"和"谁去做"分离成两部分，要实现这一点，归根结底先要消除类型之间的耦合关系。换句话说，当发出一个命令的时候，听到命令（要执行命令）的对象能够根据自己的特点去针对性地完成任务，而不是对要执行命令的对象一个一个地发送命令。

例如，开学前，校长开会说："马上要开学了，请大家做好准备迎接开学！"这个时候，如果你的身份是老师，那么你要做的主要事情就是准备要上课的课件及资源等；如果你的身份是辅导员，那么你要做的主要事情就是安排学生宿舍、班级管理等。可见，校长的命令尽管是相同的，但是听到命令的人不一样，所做的事情就不一样，这样就可以给发出命令的校长带来方便，这就是使用多态的好处。

实现多态可以采用两种方式，一种是覆盖，另外一种是重载。

1）覆盖：指子类重新定义父类的方法的做法。

2）重载：指允许存在多个同名函数，而这些函数的参数列表不同（参数个数不同，参数类型不同，或者两者都不同）。

封装可以隐藏实现细节，使得代码模块化；继承可以扩展已存在的代码模块（类），它们的目的都是为了代码重用；多态则是为了实现接口重用。

多态的作用，就是为了类在继承和派生的时候，保证使用"家谱"中任一类的实例的某一属性时能够正确的调用对应的方法。代码如下：

```java
package com. chinasofti. animal;
//定义接口 Anmal
interface Animal {
    void shout( );                    //定义抽象 shout( )方法
}

//定义 Cat 类实现 Animal 接口
class Cat implements Animal {
    //实现 shout( )方法
    public void shout( ) {
        System. out. println( "喵喵……" );
    }
}

//定义 Dog 类实现 Animal 接口
class Dog implements Animal {
    //实现 shout( )方法
    public void shout( ) {
        System. out. println( "汪汪……" );
    }
}

//定义测试类实现多态
public class Test {
    public static void main( String[ ] args) {
        Animal myCat = new Cat( );   //创建 Cat 对象,myCat
        Animal myDog = new Dog( ); //创建 Dog 对象,myDog
        animalShout( myCat );         //调用 animalShout( )方法,myCat 作为参数传入
        animalShout( myDog );         //调用 animalShout( )方法,myDog 作为参数传入
    }

    //定义静态的 animalShout( )方法,接收一个 Animal 类型的参数
    public static void animalShout( Animal an ) {
```

```
        an. shout( ) ;                    //调用实际参数的 shout( )方法
    }
}
```

3. setter 和 getter 方法

setter 和 getter 方法可保护变量的值免受外界（调用方代码）的意外更改，达到保护对象内部属性的目的。

在面向对象程序设计中，为了保护类中的变量一般将其设为 private。但在实际操作中，又会面临需要对变量进行赋值修改的情况。之前介绍过，在类外是无法对 private 修饰的变量进行更改的，但可以为该变量设定一个 public 方法，通过这个公有的方法对私有变量进行修改，这个方法就是 setter 方法。

同样，因为这个变量是私有的，在类外也无法对它进行访问，但可以再定义一个公有的 getter 方法，通过该方法对私有变量进行访问。

总结如下：为了保护数据将变量设置为私有（private）；而为了对私有数据进行访问和操作，又设定了 setter 和 getter 两个公有的方法，这样就可以达到既保护数据又能对数据进行一定程度的操作的效果。

举个形象的例子说明：银行一定是一个对货币保管十分安全的地方，如果是为了货币的绝对安全，银行应该把货币放在金库中不让任何人进入；但是放入金库的货币还是要在需要的时候能够被取出来，因此，实际上银行是通过柜台进行货币的处理。类似地，为了保证数据的安全将变量放在类中，为了能够对类中的变量进行可控的访问或修改，又设定了公有的两个方法 setter 和 getter。

面向对象程序设计并不是提出很多概念和理论妨碍程序设计，而是为了更好地更有效地进行程序设计而提出的解决方案。

4. 封装

简单来说，封装就是把要处理的计算机程序中具有某些联系的事物放在一起，和日常生活中遇到的打包相似。封装是面向对象的特征之一，其可以被认为是一个保护屏障，防止该类的代码和数据被外部类的代码随意访问。

封装的优点如下：

1）良好的封装能够减少耦合。

2）类内部的内容可以自由修改。

3）可以对成员变量进行更精确的控制。

4）隐藏信息，实现细节。

任务 1.5　实现游戏整体控制功能

任务描述

创建计算机玩家与人类玩家这两个基本的类之后，需要实现的就是如何让这两个类的对象进行猜拳的游戏。为了实现这个任务，需要创建一个 Game 类，并在 Game 类中创建实现游戏初始化及猜拳的方法。

知识准备

1. Java 语言的运算符

Java 语言中的运算符有很多种，较为常见划分的方式有以下两种：

1）按照运算符要求的操作数数目来分，有单目运算符、双目运算符和三目运算符，分别对应于 1 个、2 个和 3 个操作数。

2）按照功能进行划分，有算术运算符、赋值运算符、关系运算符、逻辑运算符、位运算符和其他运算符。

微课 1-8
循环控制

2. 循环控制

Java 语言中一共有 3 种程序结构：顺序结构、选择结构（分支结构）、循环结构。

1）顺序结构：从头到尾一句接着一句地执行，直到执行完最后一句。

2）选择结构：执行到某个位置时，会根据一次判断的结果来决定之后向哪一个分支方向执行，具体可参考任务 3 中的 if 语句。

3）循环结构：循环结构有一个循环体，循环体里是一段代码。当循环判断条件成立时会执行循环体内的代码；当循环条件不成立时结束循环执行循环结构后面的语句（也就是常说的跳出循环）。

学习循环结构时的重点应放在循环判断条件与循环体这两个关键点，而不是放在是哪种形式的循环语句。

while 循环语句的执行流程如下图 1-25 所示。

图 1-25　while 循环流程图

while 循环语句的语法如下：

```
while(循环条件){
    循环体;
}
```

使用 while 循环实现在屏幕打印 1~10 的 10 个数字，代码如下：

```
public class Test{
    public static void main(String[] args) {
        int x = 1;                              //定义变量x,初始值为1
        while (x <= 10) {                       //循环条件
            System. out. println("x = " + x);   //条件成立,打印x的值
            x++;                                //x进行自增
        }
    }
}
```

任务实施

步骤 1：创建 Game 类。

在 Game 类中创建 3 个属性：一个是人类玩家属性，一个是计算机玩家属性，还有一个是 Scanner 属性。实现代码如下：

```
private PersonPlayer personPlayer = new PersonPlayer();
private ComputerPlayer computerPlayer = new ComputerPlayer();
private Scanner input = new Scanner(System. in);
```

步骤 2：实现 init 方法。

游戏首先要指定角色，init 方法主要实现选择角色的功能。实现 init 方法的要点如下：

1）角色通过控制台输入选择。

2）分别选择玩家角色和计算机角色。

3）角色的值可以自定义。

实现代码如下：

```
public void init() {
    System. out. print("请选择你的角色(1. 沸羊羊   2. 暖羊羊   3. 美羊羊):");
    int rolePerson = input. nextInt();          //用数字选择玩家角色
```

```
        switch(rolePerson){
            case 1:personPlayer. setPersonName("沸羊羊");
                break;                    //设置玩家角色为沸羊羊,并退出分支
            case 2:personPlayer. setPersonName("暖羊羊");
                break;                    //设置玩家角色为暖羊羊,并退出分支
            case 3:personPlayer. setPersonName("美羊羊");
                break;                    //设置玩家角色为美羊羊,并退出分支
        }
        System. out. print("请选择对手角色(1. 喜羊羊   2. 慢羊羊   3. 懒羊羊):");
        int roleComputer=input. nextInt();//用数字选择计算机玩家角色
        switch(roleComputer){
            case 1:computerPlayer. setPlayerName("喜羊羊");
                break;
            case 2:computerPlayer. setPlayerName("慢羊羊");
                break;
            case 3:computerPlayer. setPlayerName("懒羊羊");
                break;
        }
```

init 方法有两个实现的代码需要理解：

1）通过输入数字选择玩家角色，使用 Scanner 对象 input 的 nextInt()方法获取输入的数字。

2）得到键盘输入的数字后通过 switch 分支进行判断，进而确定选择的角色。

步骤 3：实现 start 方法。

start 方法的主要目的是对计算机和人类玩家的出拳进行判断。实现 start 方法的要点如下：

1）玩家出拳。

2）计算机出拳。

3）判断赢家（重点）。

4）玩家选择继续或是退出。

实现代码如下：

```
public void start(){
        System. out. print("\n 开始游戏吗? (y/n)");
        String answer=input. next();
```

```
        while( answer. equals( "y") ) {
            int x = personPlayer. show( );
            int y = computerPlayer. show( );
            if( x == 1&&y == 2 || x == 2&&y == 3 || x == 3&&y == 1) {
                System. out. println( "结果:运气真好,你赢了!" );
            } else if( x == 1&&y == 1 || x == 2&&y == 2 || x == 3&&y == 3) {
                System. out. println( "结果:平局,加油啊!" );
            } else {
                System. out. println( "结果:啊! 你输了!" );
            }
            System. out. print( " \n 是否开始下一轮?　　(y/n)" );
            answer = input. next( );
        }
        System. out. println( "您选择了退出游戏……" );
        System. exit( 0 );
    }
```

start 方法的难点在于人类玩家和计算机的猜拳逻辑判断,根据猜拳游戏的规则,判断玩家获胜的情况有如下 3 种:

1) 玩家出石头,计算机出剪刀。

2) 玩家出剪刀,计算机出布。

3) 玩家出布,计算机出石头。

数字 1 代表石头,数字 2 代表剪刀,数字 3 代表布,因此判断玩家获胜的逻辑判断为:

x == 1&&y == 2 || x == 2&&y == 3 || x == 3&&y == 1

当人类玩家与计算机出拳相同(数字相同)时为平局,其余情况为计算机获胜。

步骤 4:程序运行效果如图 1-26 所示。

知识小结【对应证书技能】

在面向对象程序设计中,类是相对独立的,最终需要通过调用不同类中的不同方法实现项目的逻辑功能。

如果把编写一个程序类比为制作一个变形金刚,那么变形金刚的各个部件就是面向对象程序设计中的类,而最终需要把各个类按照对应的逻辑组合在一起才能达到最终的目的。

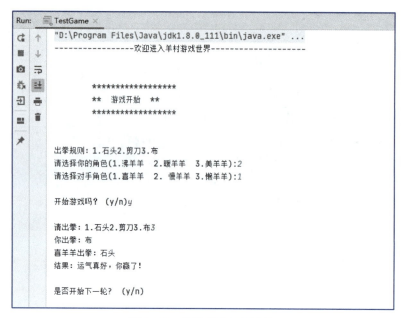

微课 1-9
猜拳游戏运行效果

图 1-26   猜拳游戏运行效果

重点掌握内容：

1）逻辑控制语句。

2）类的方法的调用。

本任务知识技能点与等级证书技能的对应关系见表 1-8。

表 1-8   任务 1.5 知识技能点与等级证书技能对应

任务 1.5 知识技能点		对应证书技能			
知识点	技能点	工作领域	工作任务	职业技能要求	等级
1. 了解 Java 语言的运算符	1. 掌握使用运算符编写程序	2. 应用程序代码编写	2.1 Java SE 编程开发	2.1.1 熟练掌握 Java 基本语法	初级

知识拓展

1. 算术运算符

算术运算符主要用于进行基本的算术运算，如加法、减法、乘法、除法等。Java 中常用的算术运算符见表 1-9。

2. 赋值运算符

赋值运算符是指为变量或常量指定值的符号，如可以使用 "="将右边的表达式结果赋给左边的操作数。Java 中支持的常用赋值运算符见表 1-10。

表 1-9　算术运算符

算术运算符	含　义	示　例
+	加法	3+5=8
−	减法	8−5=3
*	乘法	3*5=15
/	除法	15/5=3
%	求余	24%7=3
++	自增 1	i++
−−	自减 1	i−−

表 1-10　赋值运算符

赋值运算符	含　义	示　例
=	赋值	c=a+b
+=	加等于	c+=a 等价于 c=c+a
−=	减等于	c−=a 等价于 c=c−a
*=	乘等于	c*=a 等价于 c=c*a
/=	除等于	c/=a 等价于 c=c/a
%=	模等于	c%=a 等价于 c=c%a

3. 比较运算符

比较运算符用于判断两个数据的大小，如大于、等于、不等于，比较的结果是一个布尔值（true 或 false）。Java 中常用的比较运算符见表 1-11。

表 1-11　比较运算符

比较运算符	含　义	示　例	结　果
>	大于	a=5；b=2；a>b	true
<	小于	a=5；b=2；a<b	false
>=	大于等于	a=5；b=2；a>=b	true
<=	小于等于	a=5；b=2；a<=b	false
==	等于	a=5；b=2；a==b	false
!=	不等于	a=5；b=2；a!=b	true

4. 逻辑运算符

逻辑运算符主要用于进行逻辑运算。Java 中常用的逻辑运算符见表 1-12。

表 1-12　逻辑运算符

逻辑运算符	含　义	示　例	结　　果
&&	与	a&&b	如果 a 和 b 都为 true，结果为 true
||	或	a||b	如果 a 和 b 任一为 true，结果为 true
!	非	!a	如果 a 为 true，返回 false
^	异或	a^b	如果 a 和 b 有且仅有一个为 true，返回 true

5. 条件运算符

条件运算符（?:）也称为"三元运算符"。

语法格式：布尔表达式?表达式 1:表达式 2

运算过程：如果布尔表达式的值为 true，则返回表达式 1 的值，否则返回表达式 2 的值。

示例：

```
int score = 68;
String mark = (score>=60)?"及格":"不及格";
```

因为 score 的值为 68，大于 60，因此 mark 的值是"及格"。

任务 1.6　运行测试游戏

任务描述

Game 类创建并实现游戏初始化及猜拳的方法后，创建一个 Test 类对猜拳游戏进行测试，观察猜拳游戏流程能否正常执行，有无逻辑错误。

知识准备

1. static 静态方法

若方法前加了 static 关键字，则该方法称为静态方法，反之称为实例方法。被 static 修饰的变量和方法独立于该类的任何对象。也就是说，它不依赖于该类特定的实例，被该类的所有实例共享，只要这个类被加载，Java 虚拟机就能根据类名在运行时数据区或者方法区内找到它们。因此，static 对象可以在它的任何对象创建之前访问，无须引用任何对象。

用 public 修饰的 static 变量和方法在任何类中都可访问，当声明它类的对象时，不生成 static 变量的副本，而是类的所有实例共享同一个 static 变量。

　　static 变量前也可以用 private 修饰，此时表示这个变量可以在本类的静态代码块中，或者本类的其他静态方法中使用（当然也可以在非静态方法中使用），但是不能在其他类中通过类名来直接引用。private 是访问权限限定，static 表示不要实例化就可以使用，两者并无直接关系。static 前面加上其他访问权限关键字也可以。

　　static 修饰的变量和方法习惯上称为静态变量和静态方法，可以直接通过类名来访问，其访问语法格式如下：

> 类名 . 静态方法名(参数列表...)
> 类名 . 静态变量名

　　使用静态方法的好处是操作简单，无须创建对象，直接使用即可，缺点是无法进行实例化，在程序运行过程中不会自动销毁，占用内存空间。

2. 主方法

　　用 Java 编写的程序可能会存在很多的类，每个类中也可能会存在很多方法，这时计算机需要明确从哪个类的哪个方法开始执行程序。为了确定程序的起点，Java 规定程序由 main 方法开始执行，因此 main 方法也称为主方法。

　　main 方法的写法如下：

> public static void main(String[ ] agrs)

　　public：代表着该方法的访问权限是公有的。

　　static：代表主方法随着类的加载就已经存在了。

　　void：主方法没有具体的返回值，不需要返回值。

　　main：它不是关键字，但是一个特殊的方法名，能够被 JVM 识别。

　　(String[ ] args)：方法的参数，参数类型是一个字符串数组，即该数组中的元素都是字符串，可以在运行的时候向其中传入参数。

　　主方法可以被重载，但是 JVM 只识别 main(String[ ] args)，其他都是作为一般方法。这里面的 args 数组变量名可以更改，其他都不能更改。

　　示例：实现一个类的调用。程序代码如下：

```
1    public class Demo{
2        private String name;
3        private int age;
4        public Demo( ){
```

```
5            name = "Java 精灵";
6            age = 3;
7        }
8    public static void main(String[ ] args){
9            Demo obj = new Demo();
10           System. out. println(obj. name + "的年龄是" + obj. age);
11       }
12   }
```

代码流程说明：

1）程序最先运行到第 8 行，因为从 main 方法开始，这是程序的入口。

2）运行到第 9 行，这里要使用 new 关键字新建一个 Demo 类的对象，要调用 Demo 类的构造方法。

3）运行到第 4 行，但接下来并没有直接运行第 5 行，因为在创建对象时，必须先初始化它的属性。

4）运行到第 2 行，然后是第 3 行。

5）属性初始化完成后，程序回到构造方法，执行方法内的代码，也就是第 5 行和第 6 行。

6）运行第 7 行，初始化一个 Demo 实例完成。

7）回到 main 方法中执行第 10 行。

8）运行第 11 行，main 方法执行完毕

任务实施

步骤 1：创建 Test 类。

在之前的项目中新添加一个 Test 类，创建步骤参照图 1-20。

步骤 2：编写 Test 类，代码如下。

微课 1-10
Test 类的创建
与实现

```
public class TestGame {
    public static void main(String[ ]args){
        Game game=new Game();
        System. out. println("------------------欢迎进入羊村游戏世界------
---------------\n\n");
        System. out. println(" \t\t ******************");
```

```
System. out. println("\t\t* *　游戏开始　* *");
System. out. println("\t\t*****************\n\n");
System. out. println("出拳规则:1. 石头　2. 剪刀　3. 布");
game. init();
game. start();
    }
}
```

关键代码解释如下:

1) 创建一个 Game 类。

```
Game game = new Game();
```

2) 调用 game 类的 init 方法初始化游戏,为计算机和玩家选择角色。

```
game. init();
```

3) 调用 game 类的 start 方法开始进行猜拳游戏,计算机根据玩家出拳情况显示胜负情况。

```
game. start();
```

知识小结【对应证书技能】

项目开发完成后,需要输入数据检查执行结果是否符合预期。

重点掌握内容:

1) 调用 Game 类方法。

2) 通过输入猜拳数据观察程序执行结果的测试方法。

本任务知识技能点与等级证书技能的对应关系见表 1-13。

表 1-13　任务 1.6 知识技能点与等级证书技能对应

任务 1.6 知识技能点		对应证书技能			
知识点	技能点	工作领域	工作任务	职业技能要求	等级
1. static 静态方法	1. 掌握 static 静态方法的创建和使用	2. 应用程序代码编写	2.1 Java SE 编程开发	2.1.1 熟练掌握 Java 基本语法	初级

项目总结

本项目以猜拳小游戏为载体，讲解了 Java 语言基础知识，涵盖了从 JDK 8 的安装到项目需求理解，从面向对象程序设计基础知识到项目的逻辑控制。

学完本项目，读者应当达到理解面向对象程序设计思想并掌握面向对象程序开发的能力，能实现 Java 控制台程序的项目开发。

文本：参考答案

课后练习

一、选择题

1. 在 Java 中，下列访问权限修饰符表明该类是一个公共类的是（　　）。

A. public　　　　　　　　　　B. protected

C. private　　　　　　　　　　D. final

2. 在 Java 中，下列对于构造方法的描述正确的是（　　）。

A. 类必须显式定义构造方法

B. 构造方法的返回类型是 void

C. 构造方法和类有相同的名称，并且不能带任何参数

D. 一个类可以定义多个构造方法

3. 在 Java 类中，下列代码用来定义公有的 int 型常量 MAX 的是（　　）。

A. public int MAX = 100；　　　　B. final int MAX = 100；

C. public static int MAX = 100；　　D. public static final int MAX = 100；

4. 给出如下代码：

```
class Test {
    private int m;
    public static void fun() {
    //some code
    }
}
```

下列方法能够使得成员变量 m 被 fun 方法直接访问的修改方式是（   ）。

A. 将 private int m 改为 protected int m

B. 将 private int m 改为 public int m

C. 将 private int m 改为 static int m

D. 将 private int m 改为 int m

5. 下面能够实现程序循环的关键字是（   ）。

A. while

B. if

C. switch

D. break

二、填空题

1. Math. random( ) 可以产生一个在 0 到 1 之间的随机小数，请写出产生一个在 125 与 175 之间的随机整数的语句：_____

2. 子类对父类继承来的方法重新定义称为_____。一个类中声明多个参数列表不同的同名方法的做法称为_____。

3. 布尔型常量有两个，分别为_____、_____。

三、简答题

1. 简述 break 语句的作用，以及在代码中使用的位置。

2. 简述带参数的构造方法的使用。

3. 简述 static 关键字修饰的变量与普通成员变量的区别。

四、实训题

模拟完成 3 人扑克游戏洗牌、发牌、码牌的过程。要求如下：

1）54 张扑克，每张扑克使用一个字符串说明牌面（四种花色分别是红桃、黑桃、方块、梅花，牌面大小用 2~9 的数字和 J、Q、K、A 表示，如红桃 2、红桃 K，鬼牌为大王和小王），使用一个数字作为扑克牌编号（0~53），数据结构可选数组或集合。

2）完成随机的洗牌操作。

3）3 人玩牌，轮流抓牌，每人共抓牌 18 张。

4）对每个人手中的牌进行码牌（按照牌的编号排序）。

5）输出每个人的牌面，并将结果输出到文件（3 个人的最终发牌结果分别存放到 P1. txt、P2. txt、P3. txt，文件的每一行代表一张扑克牌，描述格式为"扑克牌编号：牌面"，如"2：红桃 2"）。

PPT：项目 2
网络应用程序
开发

学习目标

本项目主要完成网络聊天应用程序的开发，最终达到如下职业能力目标：

1）熟练掌握面向对象程序设计思想并能够完成面向对象编程。

2）理解 Java 输入/输出流、集合、多线程的基本概念。

3）了解 TCP/IP。

4）理解 Socket 网络编程的原理。

5）掌握 Socket 网络编程的基本操作。

6）掌握 Java 多线程创建及启动的常见方法。

7）掌握 I/O 数据流的转换方式和使用方法。

项目介绍

本项目通过 Java 语言实现一个具有多用户聊天功能的应用程序，每个用户都有独立的窗口，可以向服务器发送信息，也可以接收服务器里其他用户发过来的信息，进而实现通信功能。

知识结构

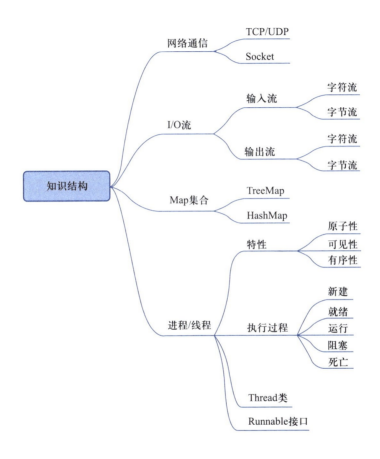

任务 2.1　理解需求与制订项目开发计划

任务描述

　　理解项目需求即理解项目的功能及实现的目的，是开发项目前所做的准备工作之一。明确项目需求可以减少对项目理解错误导致的误工或返工情况的出现，从而有效提高完成率。

　　项目开发计划的目的是确定完成项目目标所需的各项任务范围，落实责任，制定各项任务的时间表，明确各项任务所需的人力、物力、财力，确保项目的顺利完成。

知识准备

项目需求是与客户进行项目确认的第一步，当与客户确认后即可制订项目开发计划，进而为整个项目的顺利进行提供必要的保障。

制订项目开发计划的好处如下：

1）在计划的过程中必须对将来作一些初步的预测，分析哪些事情可能会发生，哪些事情可能会变化。在做出准确的预测后，制定出行动方案。一旦未来发生变化，就能从容对付。

2）使行为更有效率，对实现目标更有利。当某种情况出现时，往往会面临多种选择，此时可以根据目标和计划决定哪些方面（一般是时间、资金等因素）的取舍，从而完成整个项目。

任务实施

步骤 1：确认项目整体需求功能。

本项目（群聊聊天室）主要实现如下 4 个功能模块：

1）创建一个在线群聊聊天室，实现能够发信息的客户端。

2）实现能够收到并转发信息的服务器端。

3）实现聊天功能，客户端能够一直收取信息，发送信息同时不影响收取信息。

4）服务器端收到客户端信息后，直接转发至在线的每个客户端。

步骤 2：确认客户端功能。

客户端主要实现如下功能：

1）在控制台中读取需要发送给服务端的信息。

2）接收服务器端发送的信息。

3）为保证能够让服务器区分各个客户端（也为之后私聊功能的实现），在创建客户端时，在发送信息之前要先给服务器发送客户端名称（由控制台输入）。

步骤 3：确认服务器端功能。

服务器端主要实现如下功能：

1）服务器端因要持续不断地提供服务，需要单独开启线程实现。

2）在收到客户端用户名的时候，发送新用户上线提醒。

3）收到客户端信息时转发给所有在线客户端。

步骤 4：制定项目开发计划

（1）确定项目开发阶段

本项目的开发主要分为客户端与服务器端两个项目开发阶段。客户端阶段主要完成以下任务：

1）创建与服务器端的连接。

2）发送信息功能。

3）接受信息功能。

4）上线下线功能。

服务器端阶段主要完成以下任务：

1）实时监测，收到用户上线信息时提示其他用户新用户上线。

2）收到客户端信息时转发信息给所有在线用户。

3）统计在线客户端信息。

4）统计发送的所有信息。

（2）制定项目开发流程

本项目开发流程见表 2-1。

表 2-1　项目开发流程

序号	内　　容	时　　间
1	完成项目计划书（软件需求分析，各个功能的选取和定义）	11/01—11/06，6 天
2	完成服务器端、客户端的具体设计	11/07—11/14，8 天
3	完成服务器端、客户端的编码工作	11/15—11/25，11 天
4	完成软件的测试	11/26—12/03，8 天
5	完成软件的正常运行	12/04—12/08，5 天
6	完成软件的维护工作	12/09—12/16，8 天
7	完成该软件设计的《项目报告》	12/17—12/22，6 天

（3）确定组织结构图

本项目采用项目负责人制进行项目管理及开发，项目责任人负责整个项目的人员任务分配、项目进度与项目质量管理，组员应全力配合项目负责人完成任务。项目小组架构图如图 2-1 所示。

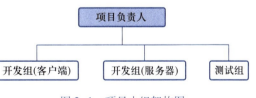

图 2-1　项目小组架构图

知识小结【对应证书技能】

本任务主要介绍项目需求分析和制订项目开发计划的相关知识。

需求分析的目的是找出客户心中的原始想法，然后针对原始需求，定制一个完整的解决方案，以尽量减少反复的工作，提高客户满意度。毕竟最终的软件是客户使用的，不了解客户的想法就去实现功能很可能造成时间、工作量、经费等方面的浪费。

在对项目需求了解之后要对项目开发进行计划，以帮助团队成员更好地了解项目情况，使项目工作开展的各个环节合理有序进行下去。同时，以文件化的形式，把对于在项目生存周期内的工作任务范围、各项工作的任务分解、项目团队组织结构、各团队成员的工作责任、团队内外沟通协作方式、开发进度、经费预算、项目内外环境条件、风险对策等内容做出的安排以书面的形式呈现，作为项目团队成员以及项目负责人之间的共识与约定。同时它又是项目生命周期内的所有项目活动的行动基础，以及项目团队开展和检查项目工作的依据。

总之，项目开发计划可以作为项目完成的有力保障和参考依据。

本任务知识技能点与等级证书技能的对应关系见表 2-2。

表 2-2　任务 2.1 知识技能点与等级证书技能对应

任务 2.1 知识技能点		对应证书技能			
知识点	技能点	工作领域	工作任务	职业技能要求	等级
1. 需求分析 2. 项目计划书	1. 掌握需求分析文档撰写 2. 掌握项目计划书文档撰写	3. 应用程序测试与部署	3.2 文档撰写	3.2.1 能够根据给定的模板和需求分析结果填写需求说明书 3.2.2 能够对小型项目进行任务分解并制订开发计划 3.2.3 能根据功能测试结果撰写测试报告	初级

任务 2.2　实现单客户端与服务器端连接

任务描述

启动服务端程序，再启动客户端连接服务器，服务端控制台打印输出"连接成功"。

知识准备

微课 2-1
TCP 与 Socket 类

1. TCP

TCP 是一种面向连接、可靠、基于字节流的传输协议，属于 5 层或者 7 层网络协议中的传输层协议，具有以下主要特征。

1）面向连接：TCP 需要通信双方确定彼此已经建立连接后才可以进行数据传输。

2）可靠：连接建立的双方在进行通信时，TCP 保证了不会存在数据丢失，或是数据丢失后存在恢复数据的措施。

3）字节流：实际传输中，不论是何种数据，TCP 都按照字节的方式传输，而不是以数据包为单位。

2. Socket 类

Socket 套接字是通信的基石，是支持 TCP/IP 的网络通信的基本操作单元。套接字指的是两台机器之间通信的端点。在 Java 的网络通信编程中，通过 Socket 来实现网络通信。Socket 可以分为 ServerSocket 和 Socket 两大类，ServerSocket 类用于实现服务器端 Socket 的获取，Socket 类则用于实现客户端通信的套接字类。客户端可以通过 Socket 对象实现发送和接收消息的功能。Socket 类中常用的方法见表 2-3。

表 2-3　Socket 常用方法

方 法 名	作　用
protected Socket(String host, int port)	该构造方法用于创建流套接字并将其连接到指定主机上的指定端口号
void close()	该方法用于关闭套接字
InputStream getInputStream()	该方法返回客户端套接字的输入流，用于获取数据消息
OutputStream getOutputStream()	该方法返回客户端套接字的输出流，用于发送数据消息

3. ServerSocket 类

在 Java 中，ServerSocket 类专门用于实现服务器端套接字，可以用服务器需要使用的端口号作为参数来创建服务器对象。ServerSocket 服务器端套接字可以监听客户端请求，得到用于连接客户端的 Socket，再通过该 Socket 完成具体数据传输。ServerSocket 类中常用的方法见表 2-4。

表 2-4　ServerSocket 常用方法

方 法 名	作　用
ServerSocket(int port)	该构造方法用于创建绑定到指定端口的服务器套接字
Socket accept()	该方法用于监听客户端请求并返回服务器端对应的 Socket 客户端
void close()	该方法用于关闭套接字

4. 服务端和客户端的通信过程

连接过程可以分为 3 个步骤：服务器监听，客户端请求，连接确认。

1）服务器监听：服务器端套接字并不定位具体的客户端套接字，而是处于等待连接的状态，实时监控网络状态。

2）客户端请求：指由客户端的套接字提出连接请求，要连接的目标是服务器端的套接字。为此，客户端的套接字必须首先描述它要连接的服务器端套接字，指出服务器端套接字的地址和端口号，然后向服务器端套接字发出连接请求。

3）连接确认：指当服务器端套接字监听到或者说接收到客户端套接字的连接请求后进行响应，建立一个新的线程，把服务器端套接字的描述发给客户端。一旦客户端确认了此描述，连接就建立好了，而服务器端套接字继续处于监听状态，继续接收其他客户端套接字的连接请求。

服务端和客户端的通信过程如图 2-2 所示。

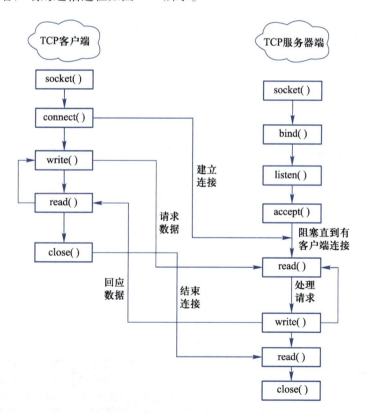

图 2-2　服务端和客户端的通信过程

任务实施

步骤 1：创建群聊聊天室的 Java 项目。

利用开发工具创建群聊聊天室的 Java 项目，操作过程参照图 1-15。

步骤 2：创建服务端类 Server。

该类用于监听客户端的连接请求，接收客户端消息，向客户端发送消息。首先，服务器端套接字对象需要在服务器类中进行全局访问，因此要将其设置为 Server 类的成员变量。代码如下：

```
private ServerSocket ss;
```

编写以要监听的端口为参数的构造方法，设置需要监听的端口。在构造方法中，创建一个 ServerSocket 对象作为服务器端的用于监听客户端的连接请求的对象。实现代码如下：

```
public Server(int port) {
try {
    ss = new ServerSocket(port);
    } catch (IOException e) {
    e.printStackTrace();
    }
}
```

步骤 3：服务端类 Server 实现启动服务 startService。

编写 startService 方法，使用 while(true) 无限循环等待客户端的连接，使用 Server-Socket 对象的 accept() 方法进行端口监听，用于获取服务器端的 Socket 对象。获取成功时，服务器端控制台打印"连接成功"。代码如下：

```
public void startService() {
    while(true) {
        try {
            Socket s = ss.accept();
            if(s! = null)
                System.out.println("连接成功");
        } catch (IOException e) {
            e.printStackTrace();
        }
```

```
        }
    }
```

步骤 4：创建服务器类 Server 的主方法。

启动服务器端口 8888，等待客户端连接。代码如下：

```
public static void main(String[ ] args) {
    new Server(8888).startService();
}
```

步骤 5：创建客户端类 Client。

该类用于从客户端发送消息，接收服务器端发来的消息。首先，定义套接字成员变量的代码如下：

```
private Socket s;
```

然后，编写以 IP、服务器端口号（Port）为参数的构造方法，并在构造方法中创建客户端套接字对象，以便后续创建输入缓冲字符流对象和输出流对象用于客户端对消息的读写。代码如下：

```
public Client(String ip, int port) {
    try {
        s = new Socket(ip, port);
    }
    catch (Exception e) {
        e.printStackTrace();
    }
}
```

步骤 6：创建客户端主方法。

在 main 方法中创建客户端对象，连接服务器端口 8888。代码如下：

```
public static void main(String[ ] args) {
    Client c = new Client("localhost", 8888);
}
```

步骤 7：测试。

先启动服务器端，然后启动客户端，服务器端显示"连接成功"，如图 2-3 所示。

图 2-3　服务器端显示"连接成功"

知识小结【对应证书技能】

Socket 主要用来解决网络通信，它把复杂的网络协议封装在 Socket 里面，给用户提供简单的接口以方便使用。现在的网络编程几乎都使用 Socket 技术。

在本任务中需要重点理解并掌握 Socket 类和 ServerSocket 类，以及如何使用这两个类实现服务器端和客户端的功能，同时要掌握 Socket 网络编程的操作步骤。

本任务知识技能点与等级证书技能的对应关系见表 2-5。

表 2-5　任务 2.2 知识技能点与等级证书技能对应

任务 2.2 知识技能点		对应证书技能			
知识点	技能点	工作领域	工作任务	职业技能要求	等级
1. Socket 套接字	1. Socket 类实现客户端 2. ServerSocket 类实现服务器端	2. 应用程序代码编写	2.1 Java SE 编程开发	2.1.3 能够使用 Java 核心库进行数据处理 2.1.4 能够模仿示例完成 Java 集合、线程、反射核心机制处理 2.1.5 掌握 Java 网络编程，并能够模仿示例创建 TCP/UDP 连接并交换数据	初级

知识拓展

1. TCP/IP

访问网络中的数据要按照一定的规范，这些规范由众多的网络协议组成，一般统称为 TCP/IP。TCP/IP 参考模型把所有的 TCP/IP 系列协议归类到 4 个抽象层中，如图 2-4 所示。

1）应用层：TFTP、HTTP、SNMP、FTP、SMTP、DNS 和 Telnet 等。

2）传输层：TCP 和 UDP。

3）网络层：IP、ICMP、OSPF、EIGRP 和 IGMP。

4）数据链路层：SLIP、CSLIP、PPP 和 MTU。

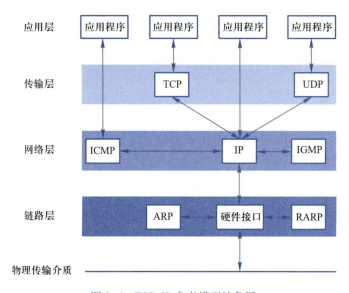

图 2-4　TCP/IP 参考模型抽象层

在 TCP/IP 参考模型中的传输层的两个协议就是 TCP 与 UDP，这两个协议的目的是保证信息传递过程中的准确性和编程中代码的统一性。

2. UDP

UDP（用户数据报协议）是 OSI 参考模型中一种无连接的传输层协议，提供面向事务的、简单的、不可靠的信息传送服务。UDP 基本上是 IP 与上层协议的接口，它适用于端口分别运行在同一台设备上的多个应用程序。

与 TCP 不同，UDP 并不提供类似于 IP 的可靠机制、流控制以及错误恢复等功能。但由于其比较简单，UDP 头包含很少的字节，因此比 TCP 负载消耗少。

任务 2.3　实现单客户端与服务器端的信息传输

任务描述

客户端与服务器端建立连接后，发送消息"你好，这条消息来自客户端"到服务器端。服务器端接收并打印此消息后，发送消息"你好，这条消息来自服务器"到客户端。客户端收到服务器端消息后在控制台打印输出。

知识准备

客户端和服务端建立连接后，数据以 I/O 流的形式进行传输实现通信。服务器端和客户端的数据传输如图 2-5 所示。

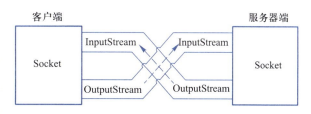

图 2-5 服务器端和客户端的数据传输

1. 输入/输出流

在 Java 中，流是一组有顺序的、有起点和终点的字节集合，是对数据传输的总称或抽象。输入就是将数据从各种输入设备（包括文件、键盘等）中读取到程序中，如图 2-6 所示；输出则相反，是将数据写出到各种输出设备（比如文件、显示器、磁盘等），如图 2-7 所示。键盘是一个标准的输入设备，而显示器是一个标准的输出设备，但是文件既可以作为输入设备，又可以作为输出设备。数据流是 Java 进行 I/O 操作的所要用到的对象，它按照不同的标准可以分为不同的类别：按照流的方向可以分为输入流和输出流两大类；按照数据单位的不同可以分为字节流和字符流；按照功能可以分为节点流和处理流。

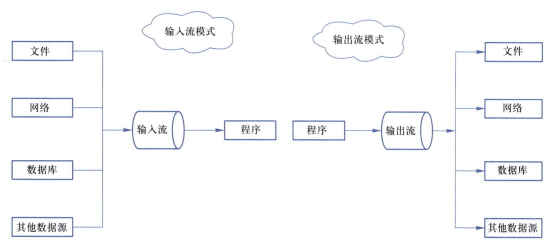

图 2-6 输入流模式   图 2-7 输出流模式

数据流的处理只能按照数据序列的顺序来进行，即前一个数据处理完之后才能处理后一个数据。数据流以输入流的形式被程序获取，再以输出流的形式将数据输出到其他设备。

2. 字节流与字符流

Java 中的字节流处理的基本单位为字节，它通常用来处理二进制数据。Java 中最基本的两个字节流类是 InputStream 和 OutputStream，它们分别代表了输入字节流和输出字节流。InputStream 类与 OutputStream 类均为抽象类，在实际使用中通常使用 Java 类库中的它们的一系列子类。

Java 中的字符流处理的基本的单元是 Unicode 码元（大小为 2 字节），它通常用来处理文本数据。所谓 Unicode 码元，也就是一个 Unicode 代码单元，范围是 0x0000~0xFFFF。在以上范围内的每个数字都与一个字符相对应，Java 中的 String 类型默认就把字符以 Unicode 规则编码存储在内存中。然而与存储在内存中不同，存储在磁盘上的数据通常有着各种各样的编码方式，使用不同的编码方式的字符会有不同的二进制表示。

任务实施

步骤 1：创建 Client 类成员变量。

在任务 2.2 的 Client 类代码基础上，再创建两个成员变量：读取 Socket 套接字数据的缓冲字符读入流 BufferedReader 对象 br，以及往 Socket 套接字写数据的字符输出流 PrintWriter 对象 pw。代码如下：

```
//Socket 套接字读入流
private BufferedReader br;
//Socket 套接字写入流
private PrintWriter pw;
```

步骤 2：初始化输入输出流。

在任务 2.2 的 Client 类的构造方法代码中初始化上面的两个输入输出流对象。br 对象是缓冲字符读入流，由初级字符输入流 InputStreamReader 构造而成，读取源是套接字，实际就是服务器端发回的消息；pw 对象由 PrintWriter 初始化，以 Socket 套接字为目的地输出数据。代码如下：

```
br=new BufferedReader(new InputStreamReader(s.getInputStream()));
pw=new PrintWriter(s.getOutputStream());
```

步骤 3：实现客户端的发送消息方法。

在 Client 类中定义发送消息的 sendMessage 方法，消息来源于方法的输入参数，利用输出流对象 pw 的 println 方法将字符串消息 message 发送到套接字管道，sendMessage 方法的输入参数为要发送的字符串对象 message。代码如下：

```
public void sendMessage(String message)
{
    pw. println(message);          //发送消息到套接字
    pw. flush();                   //刷新缓存,将数据推送到 Socket
}
```

步骤4：实现客户端的接收消息方法。

在 Client 类中定义接收消息的 receiveMessage 方法，将 Socket 输入流的数据打印在控制台。利用读入流对象 br 的 readline 方法获取接收的消息，为了防止接收消息时出现异常，将此代码放入异常处理模块中。代码如下：

```
public String    receiveMessage()
{
    try {
        return br. readLine();
    } catch (IOException e) {
        e. printStackTrace();
    }
    return null;
}
```

步骤5：修改 Client 类的主方法。

客户端通过 sendMessage 方法向服务器端发送消息"你好，这条消息来自客户端"，并通过 receiveMessage 方法在控制台打印输出服务器端返回的消息。代码如下：

```
public static void main(String[] args) {
    Client c = new Client("localhost", 8888);
    c. sendMessage("你好,这条消息来自客户端");
    System. out. println(c. receiveMessage());
}
```

整合步骤1~5的操作，客户端 Client 类代码实现如下：

```
public class Client {
    private Socket s;
    //Socket 套接字读入流
```

```java
    private BufferedReader br;
    //Socket 套接字写入流
    private PrintWriter pw;
    public Client(String ip, int port){
        try {
            s = new Socket(ip, port);
            br=new BufferedReader(new InputStreamReader(s.getInputStream()));
            pw=new PrintWriter(s.getOutputStream());
        }
        catch (Exception e){
            e.printStackTrace();
        }
    }
    public static void main(String[] args) {
        Client c = new Client("localhost", 8888);
        c.sendMessage("你好,这条消息来自客户端");
        System.out.println(c.receiveMessage());
    }
    //发送消息
    public void sendMessage(String message)
    {
        pw.println(message);
        pw.flush();
    }
    //接收消息
    public String receiveMessage()
    {
        try {
            return br.readLine();
        } catch (IOException e) {
            e.printStackTrace();
        }
        return null;
```

```
    }
}
```

步骤 6：Server 类创建输入输出流。

与步骤 1 中 Client 类相似，在任务 2.2 的 Server 类代码基础上创建两个输入/输出流成员变量：缓冲字符输入流 BufferedReader 对象 br，以及字符输出流 PrintWriter 对象 pw。代码如下：

```
//Socket 套接字读入流
private BufferedReader br;
//Socket 套接字写入流
private PrintWriter pw;
```

步骤 7：实现 Server 类发送消息、接收消息方法。

Server 类实现接收消息和发送消息时需要指明是和哪个客户端进行通信，因此在实现方法上需要多一个套接字对象作为输入参数，该参数的目的是为了区分不同客户端与服务器端的连接。输入/输出流对象 br 和 pw 也是根据不同客户端的 Socket 对象进行创建。下面是发送消息方法，发送对象是传入的字符串参数，flush 方法起到刷新输出缓存的作用。代码如下：

```
public void sendMessage(Socket s,String message)
{
    try {
        pw = new PrintWriter(s. getOutputStream());
        pw. println(message);
        pw. flush();
    }catch (IOException e){
        e. printStackTrace();
    }
}
```

下面是接收消息方法的详细代码，输入流从客户端连接套接字里读取数据。

```
public String receiveMessage(Socket s)
{
    try {
        br=new BufferedReader(new InputStreamReader(s. getInputStream()));
```

```
                return br. readLine( ) ;
            } catch（IOException e）{
                e. printStackTrace( ) ;
            }
        return null ;
    }
```

步骤 8：调用服务端的接发消息的方法。

在任务 2. 2 的 Server 类代码基础上补充 startService( )方法代码，在服务器控制台上打印从客户端套接字发送过来的消息，并回传给客户端一条消息"你好，这条消息来自服务器"。代码如下：

```
System. out. println( receiveMessage( s ) ) ;
sendMessage( s," 你好,这条消息来自服务器") ;
```

整合步骤 6~8 的操作，服务器端 Server 类代码实现如下：

```
public class Server {
    private ServerSocket ss ;
    //Socket 套接字读入流
    private BufferedReader br ;
    //Socket 套接字写入流
    private PrintWriter pw ;
    public Server( int port) {
        try {
            ss = new ServerSocket( port) ;
        } catch（IOException e）{
            e. printStackTrace( ) ;
        }
    }
    public void startService( ) {
        while( true) {
            try {
                Socket s = ss. accept( ) ;
                System. out. println( receiveMessage( s) ) ;
                sendMessage( s," 你好,这条消息来自服务器") ;
```

```
                    } catch（IOException e）{
                         e. printStackTrace（）；
                    }
               }
          }
     public static void main（String［ ］ args）{
          new Server（8888）. startService（）；
     }

//发送消息
public void sendMessage（Socket s,String message）
{
     try {
          pw = new PrintWriter（s. getOutputStream（））；
          pw. println（message）；
          pw. flush（）；
     }catch （IOException e）{
          e. printStackTrace（）；
     }
}

//接收消息
public String receiveMessage（Socket s）
{
     try {
          br＝new BufferedReader（new InputStreamReader（s. getInputStream（）））；
          return br. readLine（）；
     } catch （IOException e） {
          e. printStackTrace（）；
     }
     return null；
   }
}
```

步骤9：测试客户端与服务器端互发消息。

先启动服务器端，再启动客户端，客户端控制台打印服务器端返回的消息"你好，这条消息来自服务器"，如图 2-8 所示。

图 2-8 客户端控制台输出

服务器端控制台打印客户端返回的消息"你好，这条消息来自客户端"，如图 2-9 所示。

图 2-9 服务器端控制台输出

微课 2-3
实现单客户端与
服务器端信息交互

知识小结【对应证书技能】

在 Java 程序中，对于数据的输入和输出都以操作数据流的方式进行。Java 提供了多种不同的流类型，用以处理不同类型的数据。这些数据流按方向的不同可以分为输出流和输入流，按处理数据单位的不同可以分为字节流和字符流。

在本任务中需要重点理解流的概念和作用，理解不同流之间的区别，掌握 Java 关于 I/O 数据流操作的基本方法和步骤，掌握数据流之间的转换方法，以及数据传输和读取的方法。

本任务知识技能点与等级证书技能的对应关系见表 2-6。

表 2-6 任务 2.3 知识技能点与等级证书技能对应

任务 2.3 知识技能点		对应证书技能			
知识点	技能点	工作领域	工作任务	职业技能要求	等级
1. I/O 数据流操作	1. 字节流和字符流的生产 2. 字符流和字节流的转换	2. 应用程序代码编写	2.1 Java SE 编程开发	2.1.3 能够使用 Java 核心库进行数据处理 2.1.4 能够模仿示例完成 Java 集合、线程、反射核心机制处理 2.1.5 掌握 Java 网络编程，并能够模仿示例创建 TCP/UDP 连接并交换数据	初级

知识拓展

1. BufferedReader 类

BufferedReader 是 Java 字符输入流，可以把缓冲区的内容一次性读取，提高读取效率和解决中文乱码问题。因此，通常使用 InputStreamReader 这样一次只能读取有限字符的低端流构造 BufferedReader 高端缓冲流。下面介绍一些 BufferedReader 类经常使用的方法。

1）read( )方法：读取 1 个或多个字节，返回一个字符，当读取到文件末尾时，返回-1。例如，read(char cbuf[ ], int off, int len)将最多 len 个字符读入数组中，返回实际读入的字符个数，当读取到文件末尾时返回-1。

2）fill( )方法：从低端输入流中填充字符到缓冲区中，此方法会调用 StreamDecoder 的方法实现字节到字符的转换。

3）close( )方法：关闭资源释放链接。

2. PrintWriter 类

PrintWriter 是 Java 的字符输出高端流，内部有缓冲区可以进行块写操作，可以按行写出字符串，并且可以自动行刷新。

1）append(Object c)：将指定数据 c 添加到输出流。

2）write(Object c)：输出数据 c，后面没有换行符。

3）println(Object c)：输出数据 c，后面有自动加换行符。

4）close( )：关闭该流并释放与之关联的所有系统资源。

3. flush 方法原理说明

实际的写操作，代表着强制写出缓冲区的内容。如果不带缓冲，每读一个字节就要写入一个字节，由于涉及磁盘的 I/O 操作相比内存的操作要慢很多，所以不带缓冲的流效率很低。带缓冲的流可以一次读很多字节，但不向磁盘中写入，只是先放到内存里，等凑够了缓冲区大小的时候使用 flush 方法一次性写入磁盘，因此这种方式可以减少磁盘操作次数，速度就会提高很多。

任务 2.4　实现用户上线通知

任务描述

客户端启动后提示用户输入在聊天室使用的用户名称，按 Enter 键确认后发送消息给服务器端。服务器端根据用户输入的用户名，发送消息"＊＊，欢迎来到聊天室！"到客户端，并在服务器端控制台打印消息"新用户上线了！聊天室目前共有＊＊人在线"。

知识准备

1. Map 集合

Map 是一种键值对（key-value）集合，其中的每一个元素都包含一个 key 值和一个 value 值：key 值不允许重复；value 值可以重复，并且可以是任何数据类型（包括 Map 类型），就像数组中的元素还可以是数组一样。

Map 接口主要有两个实现类：HashMap 类和 TreeMap 类。其中，HashMap 类按哈希算法来存取 key/value，而 TreeMap 类可以对 key 进行排序。

HashMap 是常用的 Map 实现类，它是一个散列表，存储的内容是键值对（key-value）映射。HashMap 是无序的，即不会记录插入数据的顺序。

HashMap 中的常用方法见表 2-7。

表 2-7　HashMap 常用方法

方　法　名	作　　用
clear( )	删除 HashMap 中的所有键/值对
isEmpty( )	判断 HashMap 是否为空
size( )	计算 HashMap 中键值对的数量
put( )	将键值对添加到 HashMap 中
remove( )	删除 HashMap 中指定 key 的映射关系
containsKey( )	判断 HashMap 中是否存在指定的 key 对应的映射关系
containsValue( )	判断 HashMap 中是否存在指定的 value 对应的映射关系
replace( )	替换 HashMap 中是指定的 key 对应的 value
forEach( )	对 HashMap 中的每个映射执行指定的操作
entrySet( )	返回 HashMap 中所有映射项的 Entry 对象

TreeMap 是 Map 接口基于红黑树的实现，集合中的数据根据其键的自然顺序进行排序，或者根据创建映射时提供的 Comparator 进行排序，具体取决于使用的构造方法。TreeMap 常用的方法和 HashMap 一致，这里不再赘述。

2. Map. Entry

Map. Entry 是 Map 的一个内部接口，它表示 Map 中的一个实体。Map. Entry 将键值对的对应关系封装成了对象，这样在遍历 Map 集合时，就可以从每一个键值对（Entry）对象中获取对应的键与对应的值。

Map 类提供了一个 entrySet( )的方法，该方法返回一个 Map. Entry 实例化后的对象集。Map. Entry 类提供了一个 getKey( )方法和一个 getValue( )方法，通过这两个方法就能方便地访问 Map 集合的数据。

任务实施

步骤 1：修改 Client 类添加成员变量。

在任务 2.3 的 Client 类代码基础上，添加用户名 name 作为成员变量。代码如下。

```
//客户端在聊天室的用户名
private String name;
```

步骤 2：Client 类初始化用户名。

在任务 2.3 的 Client 类代码基础上，修改构造方法 Client(String ip, int port, String name)，添加一个参数用户名 name，将用户名发送给服务器，将来作为聊天室昵称。代码如下：

```
this. name = name;
sendMessage(name);
```

步骤 3：修改 Client 类的主方法。

在任务 2.3 的 Client 类代码基础上，程序通过 Scanner 输入流的 nextLine 方法从键盘获取用户输入，客户端连接服务器 8888 的 Socket 套接字，并向服务器发送客户端用户名作为消息。最后，调用 receiveMessage 方法等待接收服务器的返回消息。代码如下：

```
public static void main(String[] args) {
    System. out. println("请输入用户名(勿与其他客户端同名哦):");
    Scanner sc = new Scanner(System. in);
```

```
        String cName = sc.nextLine();
        Client c = new Client("localhost", 8888,cName);
        c.receiveMessage();
    }
```

整合步骤1~3，客户端Client类代码实现如下：

```
public class Client {
    private Socket s;
    //客户端在聊天室的用户名
    private String name;
    //Socket套接字读入流
    private BufferedReader br;
    //Socket套接字写入流
    private PrintWriter pw;
    public Client(String ip, int port,String name) {
        try {
            s = new Socket(ip, port);
            br=new BufferedReader(new InputStreamReader(s.getInputStream()));
            pw=new PrintWriter(s.getOutputStream());
        }
        catch (Exception e) {
            e.printStackTrace();
        }
        this.name = name;
        sendMessage(name);
    }
    public static void main(String[] args) {
        System.out.println("请输入用户名(勿与其他客户端同名哦):");
        Scanner sc = new Scanner(System.in);
        String cName = sc.nextLine();
        Client c = new Client("localhost", 8888,cName);
        c.receiveMessage();
    }
```

```
//发送消息
public void sendMessage(String message)
{
    pw. println(message);
    pw. flush();
}
//接收消息
public void receiveMessage()
{
    while(true){
    try {
        System. out. println(br. readLine());
    } catch (IOException e) {
        e. printStackTrace();
    }
    }
}
}
```

步骤 4：Server 类声明存放用户的成员变量。

在任务 2.3 的 Server 类代码基础上，服务器端 Server 类使用 Map 集合对象 map 存储客户端名字与套接字的键值对。代码如下：

```
private Map<String, Socket>map;
```

步骤 5：Server 类初始化存放用户集合对象。

在任务 2.3 的 Server 类代码基础上，使用 HashMap 初始化用户存放集合对象 map。代码如下：

```
map = new HashMap<String, Socket>();
```

步骤 6：修改 Server 类主方法。

在任务 2.3 的 Server 类代码基础上，修改 main 主方法。服务器端接收客户端发送的用户名，并将用户名和客户端 Socket 套接字作为一组键值对存放到 map 集合对象中。服务器端控制台显示信息，并发送客户端消息。代码如下：

```
//接收客户端输入用户名
String name = receiveMessage(s);
```

```
//将用户名和客户端套接字存入 map
map. put(name, s);
//提示新用户上线
System. out. println("新用户上线了! 聊天室目前共有"+ map. size()+ "人在线");
//向客户端发送消息
sendMessage(s,name+",欢迎来到聊天室!");
```

整合步骤 4~6 的操作，服务器端 Server 类的代码实现如下：

```java
public class Server {
    private ServerSocket ss;
    private Map<String, Socket>map;
    //Socket 套接字读入流
    private BufferedReader br;
    //Socket 套接字写入流
    private PrintWriter pw;
    public Server(int port) {
        try {
            ss = new ServerSocket(port);
            map = new HashMap<String, Socket>();

        } catch (IOException e) {
            e. printStackTrace();
        }
    }
    public void startService() {
        while(true) {
            try {
                Socket s = ss. accept();
                //接收客户端名
                String name = receiveMessage(s);
                //存入 map
                map. put(name, s);
                //提示新用户上线
```

```
                System. out. println("新用户上线了! 聊天室目前共有" + map. size
() + "人在线");
                sendMessage(s,name+",欢迎来到聊天室!");
            } catch (IOException e) {
                e. printStackTrace();
            }
        }
    }
    public static void main(String[ ] args) {
        new Server(8888). startService();
    }
    //发送消息
    public void sendMessage(Socket s,String message)
    {
        try {
            pw = new PrintWriter(s. getOutputStream(), true);
        } catch (IOException e) {
            e. printStackTrace();
        }
        pw. println(message);
        pw. flush();
    }
    //接收消息
    public String    receiveMessage(Socket s)
    {

        try {
            br = new BufferedReader(new InputStreamReader(s. getInputStream()));
            return br. readLine();
        } catch (IOException e) {
            e. printStackTrace();
        }
        return null;
```

```
        }
    }
```

步骤 7：测试。

1）先启动服务器端（Server），再启动 1 个客户端（client），从控制台输入"李子"作为自己在聊天室的昵称，服务器返回"李子，欢迎来到聊天室！"的消息。客户端控制台打印如图 2-10 所示。

微课 2-4
实现用户线上通知

图 2-10　客户端"李子"的控制台

服务器端控制台打印"新用户上线了！聊天室目前共有 1 人在线"消息，如图 2-11 所示。

图 2-11　服务器端控制台

2）再启动一个客户端，从控制台输入"熊猫"作为自己在聊天室的昵称，服务器返回"熊猫，欢迎来到聊天室！"的消息。客户端控制台打印如图 2-12 所示。

图 2-12　客户端"熊猫"的控制台

服务器端控制台打印"新用户上线了！聊天室目前共有 2 人在线"消息，如图 2-13 所示。

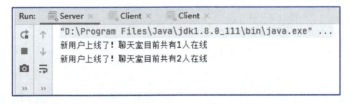

图 2-13　服务器端控制台

知识小结【对应证书技能】

Java 集合是进行数据存储且长度可变的容器，可以使用集合框架实现对不同类型数据的存取和操作。Java 集合主要分为 Collection 接口和 Map 接口，在这两个接口之下衍生了丰富的接口和实现类以完成不同的数据操作。

通过本任务需要理解集合框架的概念，掌握集合的创建、集合中元素的增加、删除、获取等基本操作，重点理解并掌握 List、Set 和 Map 集合的相关知识，同时需要理解比较器、迭代器、泛型等内容。

本任务知识技能点与等级证书技能的对应关系见表 2-8。

表 2-8　任务 2.4 知识技能点与等级证书技能对应

任务 2.4 知识技能点		对应证书技能			
知识点	技能点	工作领域	工作任务	职业技能要求	等级
1. Map 集合	1. Map 集合调用和取值 2. Map 元素删除	2. 应用程序代码编写	2.1 Java SE 编程开发	2.1.3 能够使用 Java 核心库进行数据处理 2.1.4 能够模仿示例完成 Java 集合、线程、反射核心机制处理 2.1.5 掌握 Java 网络编程，并能够模仿示例创建 TCP/UDP 连接并交换数据	初级

知识拓展

Java 集合框架主要包括两种类型的容器：一种是集合（Collection），存储一个元素集合；另一种是图（Map），存储键值对映射。Collection 接口又有 3 种常用的子接口类型 List、Set 和 Queue，再下面是一些抽象类，最后是具体实现类，常用的有 ArrayList、LinkedList、HashSet、LinkedHashSet、HashMap 以及 LinkedHashMap 等。

集合框架是一个用来代表和操作集合的统一架构，所有的集合框架都包含如下内容。

1）接口：代表集合的抽象数据类型，如 Collection、List、Set 和 Map 等。之所以定义多个接口，是为了以不同的方式操作集合对象

2）实现（类）：集合接口的具体实现。从本质上讲，它们是可重复使用的数据结构，如 ArrayList、LinkedList、HashSet 以及 HashMap。

3）算法：实现集合接口的对象里的方法执行的一些有用的计算，如搜索和排序。

除了集合，该框架也包含了几个 Map 相关的接口和类。Map 里存储的是键值对。

任务 2.5　实现多客户端与服务器端信息交互与用户下线

任务描述

本任务实现在聊天室中多客户端与服务器端的消息交互，当某一客户端发送消息到服务器端后，服务器端会将收到的消息转发给所有客户端。发送消息的客户端的控制台显示"我说"加上发送的消息，而其他客户端控制台显示发送信息的客户端用户名加上发送的消息。

当某一客户端下线后，在线的其他客户端会收到服务器端发送的消息并在控制台显示，"XX 下线了"。

任务中将使用多线程实现服务器端同时接收所有客户端消息并转发到所有客户端的功能，在客户端也使用线程实现发送消息和接收消息的同时进行。

知识准备

1. 进程

进程是计算机中的程序关于某数据集合上的一次运行活动，是系统进行资源分配和调度的基本单位。它是一个动态的概念，是活动的实体，指的是程序的执行过程。

（1）进程的特征

1）动态性：进程的实质是程序的一次执行过程，即进程是动态产生、动态消亡的。

2）并发性：任何进程都可以同其他进程一起并发执行。

3）独立性：进程是一个能独立运行的基本单位，同时也是系统分配资源和调度的独立单位。

4）异步性：由于进程间的相互制约，使进程具有执行的间断性，即进程按各自独立的、不可预知的速度向前推进。

（2）进程的状态

进程状态反映进程执行过程的变化，这些状态随着进程的执行和外界条件的变化而转换。进程状态一般有三态模型和五态模型：三态模型即运行态、就绪态、阻塞态；在五态模型中，进程分为新建态、终止态、运行态、就绪态、阻塞态，如图 2-14 所示。

1）运行（Running）态：进程占有处理器正在运行。

2）就绪（Ready）态：进程具备运行条件，等待系统分配处理器以便运行。

3）等待（Wait）态：又称为阻塞（Blocked）态或睡眠（Sleep）态，指进程不具备运行条件，正在等待某个事件的完成。

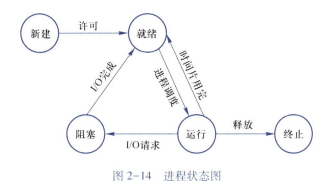

图 2-14　进程状态图

2. 线程

线程（Thread）是操作系统能够进行运算调度的最小单位，是独立调度和分派的基本单位。它被包含在进程之中，是进程中的实际执行单位。一个进程可以有很多线程，每条线程并行执行不同的任务。同一进程中的多条线程将共享该进程中的全部系统资源。

（1）线程的特性

1）原子性：即一个操作或者多个操作，要么全部执行并且在过程中不会被任何因素打断，要么不执行。

2）可见性：当多个线程访问同一个变量的时候，一个线程改变了这个变量的值，其他线程能立即看到值的变化。

3）有序性：即程序按一定规则进行顺序的执行。

（2）Java 中线程的执行过程

线程是一个动态执行的过程，它也有一个从产生到死亡的过程。一个线程的完整生命周期如图 2-15 所示。

3. Thead 类

在 Java 中，使用 Thread 类表示线程，所有的线程对象都必须是 Thread 类或其子类的实例。每个线程可以完成一定的功能，也就是线程所包含并执行的部分代码。

Thead 类中的常用方法见表 2-9。

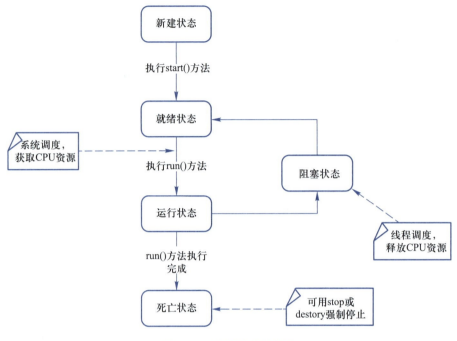

图 2-15　线程状态转换图

表 2-9　Thead 常用方法

方　法　名	作　　用
Thread( )	该构造方法用于分配一个新的 Thread 对象
Thread(Runnable target)	该构造方法利用 Runnable 实例，分配一个新的 Thread 对象
Thread（Runnable target, String-name）	该构造方法利用 Runnable 实例，分配一个新的 Thread 对象，并指定线程的名字
void start( )	该方法用于开启线程，Java 虚拟机调用线程的 run( )，执行线程的具体功能
void run( )	该方法定义线程要执行的任务代码
static void sleep(long millis)	该方法使当前正在执行的线程暂停指定的毫秒数
void join( )	等待线程终止
void interrupt( )	中断线程
String getName( )	该方法返回线程的名称

4. Runnable 接口

实现 Runnable 接口也是创建线程的一种方法。Runnable 接口应该由那些希望用线程执行其实例的类来实现，旨在为希望在活动时执行代码的对象提供一个通用协议。Runnable 接口只有一个抽象的 run( )方法，此方法是在线程运行时由 JVM 调用，每一个

Runnable 实现类都需要重写 run( )。run( )方法的作用见表 2-10。

表 2-10　run( )方法的作用

方　法　名	作　　　用
void run( )	该方法中定义了线程实现类的任务执行代码

5. 创建线程的方法

在 Java 中创建线程常用方法有两种：继承 Thread 类和实现 Runnable 接口。

通过继承 Thread 类来创建并启动多线程的步骤如下：

1）定义 Thread 类的子类，并覆盖该类的 run( )方法。

2）创建 Thread 子类的实例，即创建线程对象。

3）用线程对象的 start( )方法来启动该线程。线程启动之后，JVM 会调用 run( )执行线程的具体内容。

实现 Runnable 接口的类必须使用 Thread 类的实例才能创建线程。通过实现 Runnable 接口来创建并启动多线程的步骤如下：

1）定义 Runnable 接口的实现类，并实现该接口的 run( )方法。

2）创建 Runnable 实现类的实例，然后将该实例作为参数传入 Thread 类的构造方法来创建 Thread 对象。

3）用线程对象的 start( )方法来启动该线程。

任务实施

步骤 1：创建服务器端私有线程类 ServerThread。

每当有新客户端连接到服务器，服务器端就应该产生一个新线程对象为该客户端提供收发消息的服务。该线程对象由下面的服务器线程类（ServerThread）生成。ServerThread 类继承自线程类（Thread），由两个成员属性和一个构造方法、一个线程运行方法组成，模块代码如下，详细代码分别见对应步骤。

```
private class ServerThread extends Thread{
    Socket s;              //套接字对象
    String name;           //客户端用户名
    public ServerThread(Socket s, String name) {
        this. s = s;
        this. name = name;
```

```
        }
    public void run() {
            //步骤2:循环发送消息给所有客户端
            //删除下线客户端
            map. remove(name);
            //步骤3:发送下线消息给其他客户端
            //步骤4:关闭下线客户端套接字连接
        }
    }
```

步骤 2：服务器端实现循环发送消息给所有客户端的功能。

服务器端会一直保持和客户端的连接状态，一旦接收到客户端发送的消息，就将收到的消息发送给在 map 集合中的所有对象。为了区分是客户端自己发送的消息还是其他客户端发送的消息，服务器端在转发消息时会进行判断，并在转发消息前添加不同的信息。下面代码是对任务 2.4 中服务器端 Server 类的补充，其中调用的 sendMessage() 方法的定义和实现见任务 2.3 的步骤 7。

```
String message = null;
/* while 循环在客户端s未离开的情况下会一直检测客户端发送的消息,s 客户端为
null,即断开连接,message 也是 null */
while( !s. isInputShutdown()&&(message=receiveMessage(s))! = null) {
    Set<Map. Entry<String,Socket>>entrySet = map. entrySet();
    for( Map. Entry<String,Socket>entry : entrySet) {
        if(entry. getKey(). equals(name)) {
            //如果是客户端自己发送的消息,转发消息会添加"我说:"
            sendMessage(entry. getValue(), "我说:" + message);
        }else {
            //如果消息不是当前客户发送的,转发消息会添加发送消息的用户名
            sendMessage(entry. getValue(), name + "说:" + message);
        }
    }
}
```

步骤 3：服务器端实现发送下线消息给其他客户端。

```
Set<Map. Entry<String,Socket>>entrySet = map. entrySet();
```

```
//使用循环发送给所有在线客户端下线的客户端信息
for( Map. Entry<String, Socket>entry : entrySet) {
    sendMessage(entry. getValue( ), name + "下线了");
}
```

步骤 4：服务器端实现关闭下线客户端的套接字连接。

使用客户端套接字对象的 close 方法关闭连接，为防止关闭异常将代码放在异常处理中。

```
try {
    s. close( );
} catch (IOException e) {
    e. printStackTrace( );
}
```

整合步骤 1～4 的操作，服务器端线程 ServerThead 类代码如下，其中调用的 SendMessage( )方法和 receiveMessage( )方法的定义和实现见任务 2.3 的步骤 7。

```
private class ServerThread extends Thread{
    Socket s;        //套接字对象
    String name;     //客户端用户名
    public ServerThread(Socket s, String name) {
        this. s = s;
        this. name = name;
    }
    public void run( ) {
        String message = null;
        /* while 循环在客户端 s 未离开的情况下会一直检测客户端发送的消息,s
客户端为 null,即断开连接,message 也是 null */
        while( !s. isInputShutdown( )&&( message=receiveMessage(s))!= null) {
            Set<Map. Entry<String,Socket>>entrySet = map. entrySet( );
            for( Map. Entry<String,Socket>entry : entrySet) {
                if(entry. getKey( ). equals(name)) {
                    //如果是客户端自己发送的消息,转发消息会添加"我说:"
                    sendMessage(entry. getValue( ), "我说:" + message);
                } else {
```

```
                              //如果消息不是当前客户发送的,转发消息会添加发送消息的
用户名
                    sendMessage( entry. getValue( ), name + "说:" + message);
                  }
               }
            }
         //客户端下线时发送消息处理,在 map 集合中删除下线的客户端信息
         map. remove( name);
         Set<Map. Entry<String,Socket>>entrySet = map. entrySet( );
         //使用循环发送给所有在线客户端下线的客户端信息
         for( Map. Entry<String, Socket>entry : entrySet) {
            sendMessage( entry. getValue( ), name + "下线了");
         }
         //客户端下线时关闭和客户端的套接字连接
         try {
            s. close( );
         } catch ( IOException e) {
            e. printStackTrace( );
         }
      }
   }
```

步骤 5：服务器端添加线程启动代码。

　　每当服务器监听到新客户端连接，就会在主方法线程里产生一个新线程对象为该客户端提供接发消息的服务。当获取到套接字对象和客户端在聊天室的昵称后，由上面的 ServerThread 类创建该线程对象。具体代码只需要在任务 2.4 的 Server 类 startService( )方法中添加一行代码，见下面粗体字部分。

```
public void startService( ) {
   while( true) {
      try {
         Socket s = ss. accept( );
         //接收客户端名
         String name = receiveMessage( s);
```

```
                    //存入 map
                    map. put(name, s);
                    //提示新用户上线
                    System. out. println("新用户上线了! 聊天室目前共有" + map. size() +
            "人在线");
                    sendMessage(s,name+",欢迎来到聊天室!");
                    //新建服务器端线程,为该客户端 s 提供接发消息服务
                    new ServerThread(s,name). start();
                } catch (IOException e) {
                    e. printStackTrace();
                }
            }
        }
```

步骤 6：修改客户端类 Client 实现聊天功能。

在聊天室中，客户端要时刻处于收发消息的状态，所以可以将接收消息的方法设计成一个独立运行的线程，而将发送消息方法置于无限循环中，以此实现消息收发同步。下面是 receiveMessage() 方法改为线程启动的代码：

```
    //接收消息
    public void receiveMessage()
    {
        new Thread(new Runnable() {          //变为线程启动方法
            @ Override
            public void run() {
                while(true) {
                    try {
                        String message = br. readLine();
                        System. out. println(message);
                    } catch (IOException e) {
                        e. printStackTrace();
                    }
                }
            }
```

```
   }).start();
}
```

同时，在 Client 类主方法将发送消息的代码置于无限循环中。代码如下：

```
while (true) {
    c.sendMessage(sc.nextLine());
}
```

步骤7：测试。

1）先启动服务器端，再依次启动两个客户端。客户端分别输入用户名"李子"和"橘子"，控制台如图 2-16 和图 2-17 所示。

微课 2-5
实现多客户端与服务器
端信息交互与用户下线

图 2-16 客户端"李子"的欢迎语

图 2-17 客户端"橘子"的欢迎语

2）服务器端在两个客户端依次完成用户名输入后，显示信息与任务 2.4 中的图 2-11 和图 2-13 一样，这里不再赘述。

3）客户端（用户名李子）输入消息，"我是李子！"，收到服务器端转发消息后，显示内容"我说：我是李子！"，如图 2-18 所示。

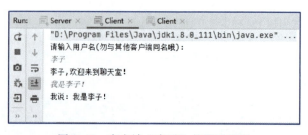

图 2-18 客户端"李子"的聊天界面

4）客户端"橘子"收到服务器端转发客户端"李子"的信息，显示内容"李子说：我是李子!"，如图 2-19 所示。

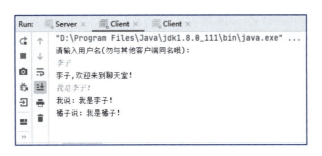

图 2-19　客户端"橘子"的聊天界面

5）客户端"橘子"输入消息"我是橘子!"，收到服务器端转发消息后，显示内容"我说：我是橘子!"，如图 2-20 所示。

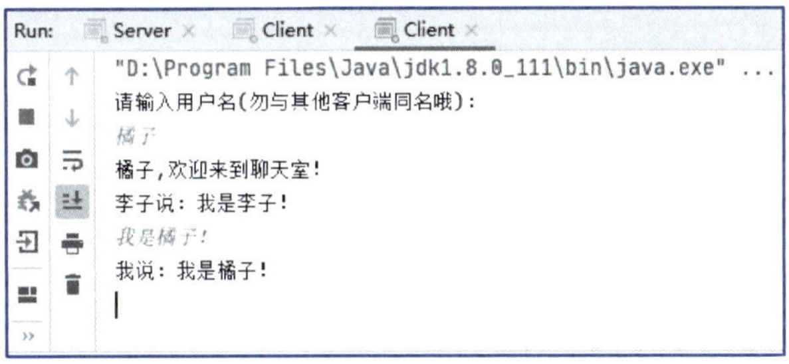

图 2-20　客户端"橘子"的聊天界面

6）客户端"李子"收到服务器端转发客户端"橘子"的消息，显示内容"橘子说：我是橘子!"，如图 2-21 所示。

图 2-21　客户端"李子"的聊天界面

7）关闭客户端"橘子"，客户端"李子"收到服务器端消息，提醒用户橘子下线，显示内容"橘子下线了"，如图 2-22 所示。

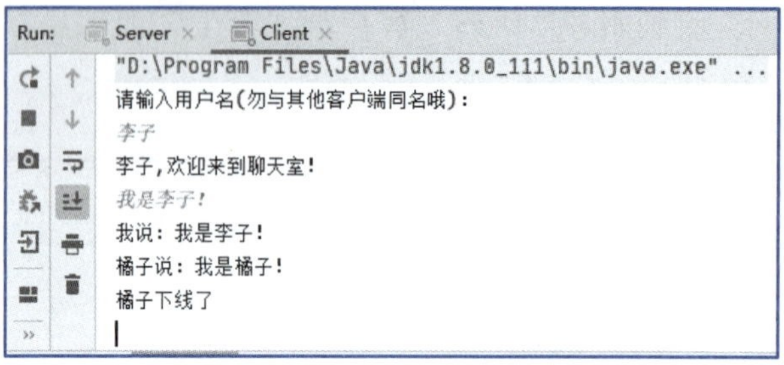

图 2-22　客户端"李子"提示客户端"橘子"下线

知识小结【对应证书技能】

进程是资源分配的最小单位，它表示代码执行的动态过程；线程是进程的进一步细化，是程序内部的一条执行路径。线程总是属于某一个进程。同一类线程共享代码和数据空间，线程切换的资源开销小。Java 中使用线程来完成多任务处理。

通过本任务的学习，需要理解进程和线程的概念和关系，掌握常见的创建线程的方法，理解进程和线程的状态，重点掌握多线程的使用方法、数据传递以及相应的一些线程方法的使用。

本任务知识技能点与等级证书技能的对应关系见表 2-11。

表 2-11　任务 2.5 知识技能点与等级证书技能对应

任务 2.5 知识技能点		对应证书技能			
知识点	技能点	工作领域	工作任务	职业技能要求	等级
1. 多线程调用	1. 继承 Thead 抽象类创建线程 2. 实现 Runnable 接口创建线程 3. 重写 run（）方法	2. 应用程序代码编写	2.1 Java SE 编程开发	2.1.3 能够使用 Java 核心库进行数据处理 2.1.4 能够模仿示例完成 Java 集合、线程、反射核心机制处理 2.1.5 掌握 Java 网络编程，并能够模仿示例创建 TCP/UDP 连接并交换数据	初级

项目总结

本项目主要通过 Socket 网络编程和多线程技术，模拟实现了一个基于客户/服务器

（C/S）模式的群聊聊天室。客户端通过服务器端进行消息的转发，实现消息群发功能。服务器端可以对用户的上线、下线进行判断，并进行提示。学生通过这个项目的学习，需要学会独立分析聊天室项目的业务逻辑，理解并掌握 Java 网络编程的原理、逻辑和过程，熟练掌握线程的使用方法，能独立实现聊天室功能。

文本 参考答案

课后练习

一、选择题

1. 下列关于 Java 中线程的描述，错误的是（　　）。

A. 线程是一个执行单位

B. 通过实现 java.lang.Runnable 接口可以实现多线程

C. start( ) 方法的调用后 JVM 会立即执行多线程代码

D. 线程是 CPU 调度的最小单位

E. 通过继承 java.lang.Thread 类可实现多线程

2. 在 Java 中，下列不属于字节流的类是（　　）。

A. DataInputStream

B. FileInputStream

C. BufferedInputStream

D. BufferedWriter

3. 系统进行资源分配和调度的基本单位是（　　）。

A. 程序

B. 对象

C. 进程

D. 线程

4. 下列不是网络层协议的是（　　）。

A. IP

B. SMTP

C. ICMP

D. IGMP

5. 以下不是进程状态的是（　　）。

A. 阻塞态

B. 运行态

C. 封锁态

D. 就绪态

二、填空题

1. Collection 接口的子接口有＿＿＿＿、＿＿＿＿和 Queue。

2. List 集合常用实现类有＿＿＿＿和＿＿＿＿。

3. Java 语言使用 Thread 类及其子类的对象来表示线程，新建的线程在它的一个完整的生命周期中通常要经历新建、＿＿＿＿、＿＿＿＿、＿＿＿＿和死亡 5 种状态。

三、简答题

1. 简述创建线程的几种方式。

2. 简述 Java 集合类框架的基本接口。

3. 简述通过继承 Thread 类来实现多线程的步骤。

四、实训题

数独是源自 18 世纪瑞士的一种数学游戏，需要在 9×9 盘面上满足每一行、每一列、每一个粗线宫（3×3）内的数字均含 1~9 且不重复。要求编写一个 Java 网络（服务器/客户端）应用程序实现如下功能：

1. 服务器端随机生成一个完整的数独盘面（数独盘面要求参考题目背景）。

2. 客户端通过网络获取服务器端生成的数独盘面。

3. 客户端打印输出数独盘面。

本项目与后面的项目 4 都将以会议管理系统为载体，讲解 Java 语言的 Web 数据库应用程序开发功能，最终达到如下职业能力目标：

1）掌握 MySQL 数据库的安装与使用。

2）学会编写项目需求说明书。

3）了解制订项目开发和测试计划的流程。

4）了解原型设计。

5）了解数据库设计。

6）掌握 Java JDBC 数据库操作流程。

7）掌握 JUnit 单元测试基本操作。

项目介绍

PPT：项目 3
Web 数据库应
用程序开发

会议管理系统是目前较为常见的 Web 数据库应用程序开发场景，一般包含如下几个功能：

1）人员注册与登录。

2）添加部门、会议室、会议。

3）搜索员工、查看会议室、搜索会议。

4）查看个人通知、个人会议、个人预订。

本项目主要实现会议管理系统中的人员注册与登录功能（控制台方式），Web 端实现的功能会在项目 4 中讲解和实现。

项目将使用关系型数据库 MySQL，采用 JDBC 的接口和类实现与数据库的连接。

知识结构

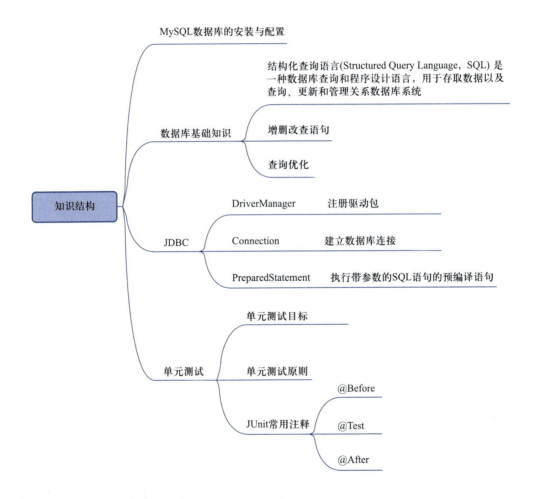

任务 3.1　安装数据库 MySQL 8.0

任务描述

MySQL 是一个关系型数据库管理系统，本任务将在 Windows 10 环境下安装并配置 MySQL8.0 数据库。

知识准备

在 Web 应用方面，MySQL 是目前最流行的 RDBMS（Relational Database Management System，关系数据库管理系统）应用软件之一，它由瑞典 MySQL AB 公司开发，目前属于 Oracle 旗下产品。

MySQL 的特点如下：

1）MySQL 是开源的，所以不需要支付额外的费用。

2）MySQL 支持拥有上千万条记录的大型数据库。

3）MySQL 使用标准的 SQL 数据语言形式。

4）MySQL 可以安装在不同的操作系统中，并且提供了多种编程语言的操作接口，包括 C、C++、Python、Java 和 Ruby 等。

任务实施

步骤 1：下载程序。

进入官网 https：//dev. mysql. com/downloads/mysql/下载安装包进入安装程序。

步骤 2：选择类型。

选择安装类型为 Developer Default，单击 Next 按钮，如图 3-1 所示。

步骤 3：检查软件需求，此处单击 Next 按钮继续，如图 3-2 所示。

步骤 4：单击 Execute 按钮执行安装，如图 3-3 所示。

步骤 5：继续安装。

后面的界面一直单击 Next 按钮，直至出现设定管理员密码的界面，输入两次管理员密码，单击 Next 按钮继续，如图 3-4 所示。

步骤 6：此后操作一直单击 Next 按钮，如图 3-5 所示。

步骤 7：此后操作一直点击 Next 按钮，最后点击 Finish 按钮完成安装，如图 3-6 所示。

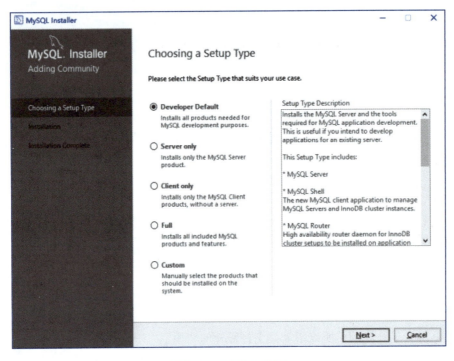

图 3-1　选择安装类型

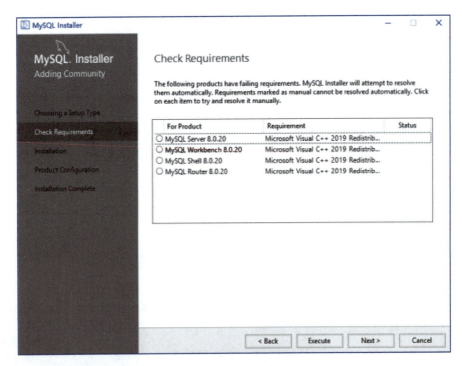

图 3-2　检查软件依赖

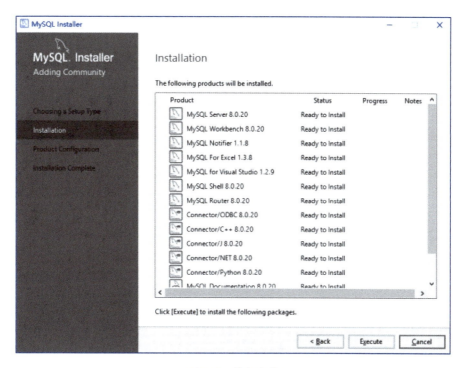

图 3-3 执行安装

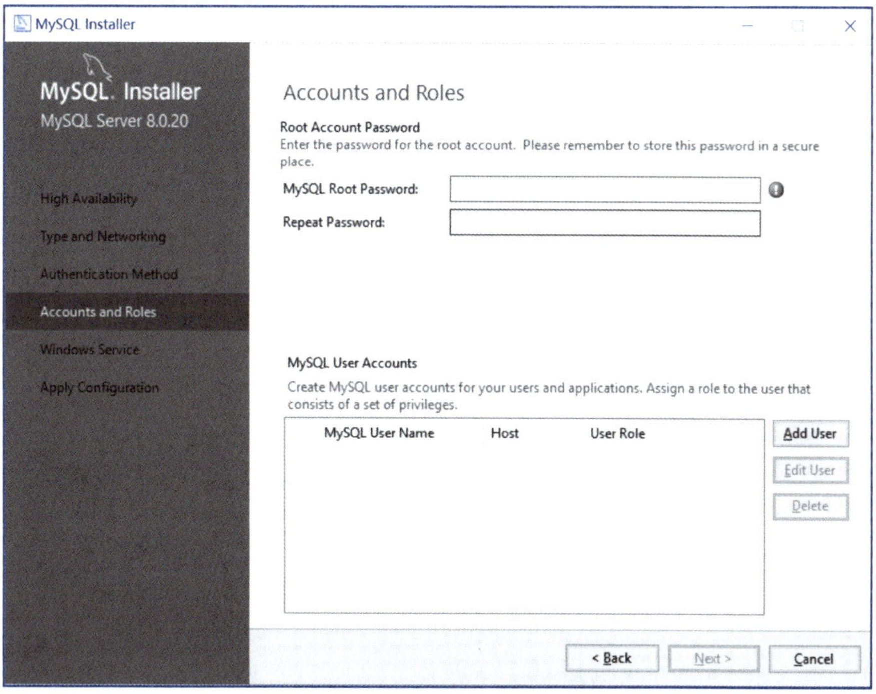

图 3-4 输入管理员密码

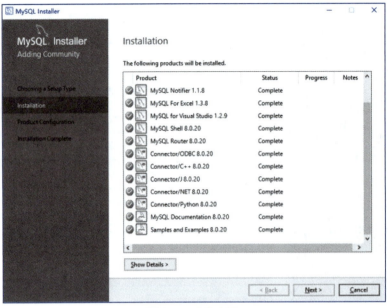

图 3-5　安装完毕

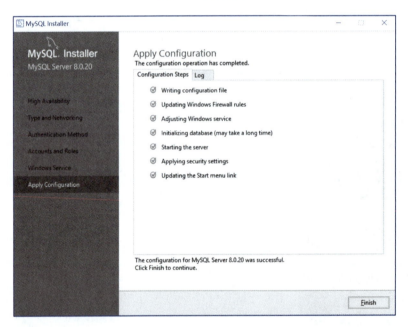

图 3-6　完成安装

知识小结【对应证书技能】

MySQL 是一种开源的关系型数据库。

当今的软件越来越离不开网络，其主要原因之一就是大部分数据是存放在网络数据库中的。

重点掌握内容：

1）MySQL 的安装。

2）MySQL 数据库的创建。

本任务知识技能点与等级证书技能的对应关系见表 3-1。

表 3-1　任务 3.1 知识技能点与等级证书技能对应

任务 3.1 知识技能点		对应证书技能			
知识点	技能点	工作领域	工作任务	职业技能要求	等级
1. 了解 MySQL 数据库	1. 掌握 MySQL 数据库的安装	1. 开发和运行环境搭建	1.2 数据库安装与使用	1.2.1 根据指导手册，能在 Windows 和 Linux 系统中安装 MySQL 数据库	初级

知识拓展

安装 MySQL 数据库比较简单，按照提示一步步操作即可完成。如果采用上述系统默认安装模式，安装的内容较多，因此也可以考虑只安装基本的 MySQL 数据库服务。

步骤 1：选择图 3-1 中的 Custom 选项，单击 Next 按钮继续。

步骤 2：选择一个 MySQL 服务器版本进行添加，再单击 Next 按钮继续，本次安装软件版本为 MySQL 8.0.20 的 64 位版本，如图 3-7 所示。

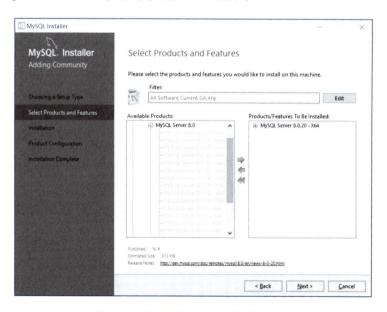

图 3-7　选择安装 MySQL 服务器的版本

步骤 3：其他操作步骤同前，完成安装即可。

任务 3.2　编写需求说明书

任务描述

软件需求说明书又称为软件规格说明书，是系统分析员在需求分析阶段需要完成的文档，也是软件需求分析的最终结果，主要包括引言、任务概述、需求规定、运行环境规定和附录等内容。

本任务参照软件需求说明书的一般通用模板进行编写和制定，为项目开发提供文档依据，并作为项目验收的标准。

知识准备

软件工程是一门研究用工程化方法构建和维护有效的、实用的和高质量的软件的学科，涉及程序设计语言、数据库、软件开发工具、系统平台、标准、设计模式等方面。

著名软件工程专家巴利·玻姆（Barry Boehm）综合有关专家和学者的意见并总结了多年来开发软件的经验，于 1983 年在一篇论文中提出了软件工程的 7 条基本原则：

1）用分阶段的生存周期计划进行严格的管理。

2）坚持进行阶段评审。

3）实行严格的产品控制。

4）采用现代程序设计技术。

5）软件工程结果应能清楚地审查。

6）开发小组的人员应该少而精。

7）承认不断改进软件工程实践的必要性。

微课 3-1
编写需求说明书

软件工程的目标：在给定成本、进度的前提下，开发出具有适用性、有效性、可修改性、可靠性、可理解性、可维护性、可重用性、可移植性、可追踪性、可互操作性和满足用户需求的软件产品。追求这些目标有助于提高软件产品的质量和开发效率，减少维护的困难。

1）适用性：软件在不同的系统约束条件下，使用户需求得到满足的难易程度。

2）有效性：软件系统能有效地利用计算机的时间和空间资源。各种软件都把系统的时间和空间的开销作为衡量软件质量的一项重要技术指标。但在很多场合，追求时间有效性和空间有效性时会发生矛盾，这时不得不牺牲部分时间有效性换取空间有效性或牺牲部分空间有效性换取时间有效性。"折中"是经常采用的方法。

3）可修改性：允许对系统进行修改而不增加原系统的复杂性，即支持软件的调试和维护，这是一个难以达到的目标。

4）可靠性：能防止因概念、设计和结构等方面的不完善造成的软件系统失效，具有挽回因操作不当造成软件系统失效的能力。

5）可理解性：系统具有清晰的结构，能直接反映问题的需求。可理解性有助于控制系统软件复杂性，并支持软件的维护、移植或重用。

6）可维护性：软件交付使用后，能够对它进行修改，以改正潜在的错误，改进性能和其他属性，使软件产品适应环境的变化等。软件维护费用在软件开发费用中占有很大的比重。可维护性是软件工程中一项十分重要的目标。

7）可重用性：把概念或功能相对独立的一个或一组相关模块定义为一个软部件，可组装在系统的任何位置，降低工作量。

8）可移植性：软件从一个计算机系统或环境搬到另一个计算机系统或环境的难易程度。

9）可追踪性：根据软件需求对软件设计、程序进行正向追踪，或根据软件设计、程序对软件需求的逆向追踪的能力。

10）可互操作性：多个软件元素相互通信并协同完成任务的能力。

任务实施

步骤 1：编写系统整体介绍。

项目概述

本系统是应用于企业会议管理的会议管理系统，实现在线管理会议室，让信息资源在各部门之间快速有效传递，节省会议组织者的时间，有效提升会议室管理和使用效率。

步骤 2：编写引言，指明项目需求说明书的编写目的、背景以及作用等内容。

引言

（1）编写目的

本文详细描述了会议管理系统最终实现的功能，目的在于明确说明系统需求，界定系统实现功能的范围，指导系统设计以及编码。

本说明书的预期读者为项目经理、系统分析员、系统设计人员、系统开发人员、测试经理及测试人员等。

（2）背景

随着我国经济的发展，公司内部会议越来越多，会议的规模及流程也越来越复杂，对实现会议电子化管理有着迫切的需要。

（3）作用

实现会议电子化管理、高效组织及查看个人会议情况。

步骤 3：编写任务概述，描述项目完成的主要功能。

任务概述

（1）目标

大多数会议在流程上具有一定的相似性，本系统的目的是减少其中的重复工作，减轻不必要的负担，提高工作的正确性和效率。系统的目标是将人工参与的工作量减少百分之六十，效率提升百分之三十，同时能够使会议管理工作规范化、程序化。

（2）特点

本系统的最终用户可能是经常举办和承办各种会议的组织机构，以及中、小型企业等，应用本系统可以帮助企业实现高效的会议管理，提升会议室使用效率，协助会议组织者按需发起会议及与会者及时查看会议信息。

（3）非技术要求

本系统的开发周期为三个月左右。开发流程为：需求分析→设计→编码实现→单元测试→集成和系统测试→交付，其中需求分析的更新贯穿于整个开发过程。

要交付的工作产品有：需求规格说明书、设计说明书、测试报告、用户手册、源代码、可执行程序。

步骤 4：编写需求规定，制定更为详细的需求细节。

需求规定

根据前期需求分析，对系统的功能模块进行划分，功能结构如图 3-8 所示。

性能需求

1. 正确性需求

系统正确性需求主要包括以下项：

1）系统应能够把会议组织人员所创建的会议的相关信息以及添加的人员信息准确地导入数据库中。

2）系统能够正确地将会议通知、反馈表填写通知等信息发送到参会人员邮箱。

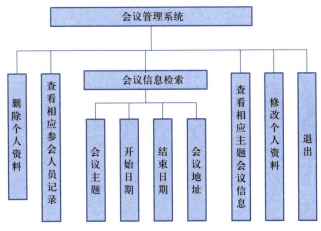

图 3-8　会议管理系统功能模块示意图

2. 安全性需求

系统用于存储会议、参会人员等信息的数据库应具有很高的安全性，会议组织人员的登录数据应加密后再通过网络传输。

3. 界面需求

系统对界面的需求分为网站和客户端两部分，这两部分有不同的界面需求。

1）网站部分：页面布局清晰，颜色搭配合理，色调柔和，各页面主题风格一致。

2）客户端部分：参会人员签到时看到的窗口应该很清晰且比较美观，其他窗口布局较合理即可。

4. 精度需求

由于系统所涉及的数据主要有参会人数、时间等，因此对数据精度无特殊要求。作为一个中小型会议管理系统，当参会人数很多时，应考虑到数据越界的问题。

5. 稳定性需求

该系统部署后，在硬件条件和支持软件条件没有发生变化的情况下，能够一直保持运行状态，直到系统升级或被替换。

6. 灵活性需求

当会议组织人员的需求发生变化时，如所需参会人员的信息项与默认类型不符，系统应该提供修改默认设置的功能，即允许组织者自定义信息项类型。

7. 扩展性需求

本系统能够在以下几个方面进行扩展。

1）功能的扩展：在现有功能模块的基础上增加餐饮管理模块、自动文档生成模块等。

2）环境的扩展：系统运行所要求的操作系统可从 Windows 平台扩展到 Mac 平台等。

会议处理流程需求

1. 会议处理流程

会议组织人员通过登录系统验证身份，通过身份验证后，才可以进行相关的查询、更改等操作；参会人员只有查询相关会议信息的权限。会议组织人员通过身份验证后，可以进入会前管理系统，设置会议的初始信息，如时间、场所、主题等。同时，会议组织人员要把相关参会人员添加到该会议下。如果会议信息有变化，会议组织人员还可以对其进行修改。同时，会议组织人员还可以在会议开始之前发送邮件通知相关人员参加会议，并把参会的时间、场所、注意事项等消息以邮件的形式发送给参会人员。在会议结束之后，会议组织人员可以通知参会人员填写会议反馈表，以邮件形式告知参会人员填写反馈表的网址。

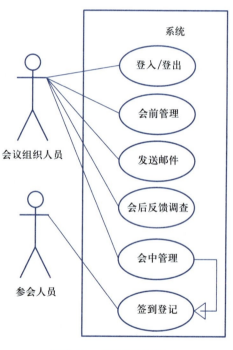

2. 系统用例图

本系统的功能需求用例图如图 3-9 所示。

步骤 5：制定工具及运行环境。

工具及环境配置如下：

图 3-9　系统整体用例图

1）研发硬件配置。本系统开发所用的硬件配置见表 3-2。

表 3-2　硬件配置表

CPU	AMD Ryzen 7 4800H @ 2.33 GHz
内存	金士顿 16 GB
显卡	AMD Ryzen 7 4800H 集成显卡
硬盘	西数黑盘 SSD 500 GB
系统	Microsoft Windows 10 专业版

2）研发语言及编译器。本系统开发所用的语言是 Java，开发的 IDE 工具是 Eclipse。

3）软件支持工具。MySQL 8.0 作为数据库服务器，Navicat Premium 11 作为数据库可视化操作工具，Apache Tomcat 9 作为 Java Web 应用运行环境。

知识小结【对应证书技能】

项目需求的编写一般会参考一些成熟的模板，在此基础上可以根据自己的需求适当修改，可以参考下面知识拓展中的内容介绍。

重点掌握内容：

1）需求说明书的主要内容。

2）需求说明书的格式。

本任务知识技能点与等级证书技能的对应关系见表 3-3。

表 3-3　任务 3.2 知识技能点与等级证书技能对应

任务 3.2 知识技能点		对应证书技能			
知识点	技能点	工作领域	工作任务	职业技能要求	等级
1. 需求说明书的内容	1. 掌握需求说明书的撰写方法	3. 应用程序测试与部署	3.2 文档撰写	3.2.1 能够根据给定的模板和需求分析结果填写需求说明书	初级

知识拓展

软件需求说明书是指在研究用户需求的基础上，完成可行性分析和投资效益分析以后，由软件工程师或分析员编写的说明书。它详细定义了信息流和界面、功能需求、设计要求和限制、测试准则和质量保证要求。它的作用是作为用户和软件开发人员达成的技术协议书，作为着手进行设计工作的基础和依据，在系统开发完成以后，也为产品的验收提供了依据。

软件需求说明书的内容应包含如下几部分内容：

1. 项目概述

1）说明开发软件系统的目的、意义和背景。

2）说明用户的特点和约束。

2. 引言

1）编写目的：说明编写这份项目需求说明书的目的，指出预期的读者。

2）背景说明：包括待开发的软件系统的名称；本项目的任务提出者、开发者、用户及实现该软件的计算中心或计算机网络；该软件系统同其他系统或其他机构的基本的相互来往关系。

3）定义：需要列出本文件中用到的专门术语的定义和外文首字母组词的原词组。

3. 任务概述

1）目标：叙述该项目开发的意图、应用目标、作用范围以及其他应向读者说明的有关该软件开发的背景材料。解释拟开发软件与其他有关软件之间的关系。如果本软件产品是一款独立的软件，无须依赖其他软件或服务，则说明这一点。

2）用户的特点：列出本项目的最终用户的特点，充分说明操作人员、维护人员的教育水平和技术专长，以及本软件的预期使用频度。这些是软件设计工作的重要约束。

3）假定和约束：列出进行本软件开发工作的假定和约束，如经费限制和开发期限等。

4. 需求规定

1）功能说明：逐项列出各功能需求的序号、名称和简要说明。

2）性能说明：说明处理速度、响应时间、精度等。

3）输入输出要求、数据管理要求、故障处理要求等。

5. 运行环境规定

1）说明软件运行所需的硬件设备。

2）说明软件运行所需的系统软件和软件工具。

通过完成本任务，学生可熟练掌握证书中职业技能要求的 3.2.1，即能够根据给定的模板和需求分析结果填写需求说明书。

任务 3.3　制订项目开发计划和测试计划

任务描述

项目需求确定后，就需要进行项目计划和测试计划的制订。

知识准备

项目计划的开发，是用其他计划程序的输出创建一个内容充实、结构紧凑的文件，使它能够引导项目计划的实施和控制。这个过程经常需要迭代几次。

最初的草案可能包括一般性的方法且并没有时间期限，而最终计划则要反映具体的方法和有明确的时间期限。

这个项目计划用于如下几个方面：

1）引导项目的实施。

2）编制项目规划的设想。

3）记录项目计划讨论好的有关人选事宜。

4）促进项目参与者之间的沟通。

5）确定主要的管理问题如内容、范围和时间等。

6）为进一步提高测量和控制项目的水平提供一个标准。

7）制定测试计划，要达到的目标如下：

① 为测试各项活动制定一个现实可行的、综合的计划，包括每项测试活动的对象、范围、方法、进度和预期结果。

② 为项目实施建立一个组织模型，并定义测试项目中每个角色的责任和工作内容。

③ 开发有效的测试模型，能正确地验证正在开发的软件系统。

④ 确定测试所需要的时间和资源，以保证其可获得性、有效性。

⑤ 确立每个测试阶段测试完成以及测试成功的标准、要实现的目标。

⑥ 识别出测试活动中各种风险，并消除可能存在的风险，降低由不可能消除的风险所带来的损失。

任务实施

步骤 1：确定项目小组架构。

（1）组织结构图

本项目采用项目负责人制进行项目管理及开发，项目负责人负责对整个项目的人员任务分配、项目进度与项目质量管理，组员应当配合项目负责人完成任务。项目小组架构图如图 3-10 所示。

图 3-10　项目小组架构图

（2）角色与职责

项目人员分为总体设计组、软件开发组及测试组共 3 个小组，各个小组的职责如下。

1）总体设计组：负责需求分析和方案设计，以及最后的用户培训、验收与交付。

2）软件开发组：负责程序设计和代码开发。

3）测试组：负责测试与联调。

具体人员安排见表 3-4。

表 3-4   项目人员安排表

姓 名	小 组	角 色	职 责
张 1	总体设计组	组长	协调组员、需求分析、设计
张 2		组员	需求分析
张 3		组员	设计
…		组员	需求分析、设计
王 1	软件开发组	组长	协调组员、代码开发
王 2		组员	代码开发
王 3		组员	代码开发
…		组员	代码开发
李 1	测试组	组长	与其他组沟通协调、测试及提交 Bug
李 2		组员	测试及提交 Bug
…		组员	测试及提交 Bug

步骤 2：确定项目进度安排。

项目主要目标及交付成果见表 3-5。

表 3-5   项目主要目标及交付成果

时 期	主 要 目 标	交 付 成 果
需求分析	小组内成员根据讨论决定，将需求结果文档化	需求规格说明书
设计	将需求分析的任务细化、完成类图、状态图、交互图和流程图	系统设计说明书
编码	实现设计的目标，满足客户所需求的所有功能	代码
测试	测试程序中的错误，完善整个系统，完成单元测试，系统测试，准备交付	测试文档

项目任务进度明细甘特图如图 3-11 所示。

步骤 3：制定测试目标，通过测试达到以下目标。

1）测试已实现的产品是否达到设计的要求，包括各个功能点是否已实现，业务流程是否正确。

2）产品规定的操作和系统运行稳定。

3）Bug 数和缺陷率控制在可接收的范围之内，遗留 Bug 一般不超过所有 Bug 的 10%。

ID	任务描述	开始	结束	持续时间	2020-07-28				2020-08-01						
					28	29	30	31	1	2	3	4	5	6	7
1	项目启动	2020-07-28	2020-07-28	0.5 日											
2	小组组建，任务分工	2020-07-28	2020-07-29	2.0 日											
3	□需求分析	2020-07-28	2020-08-02	6.0 日											
4	确认设计阶段需求及分工	2020-07-28	2020-07-28	0.5 日											
5	初步确定需求	2020-07-28	2020-07-28	1.0 日											
6	和用户分析讨论需求	2020-07-28	2020-07-30	2.0 日											
7	确认需求	2020-07-30	2020-07-31	2.0 日											
8	系统原型设计	2020-07-31	2020-08-01	2.0 日											
9	需求规格书	2020-08-01	2020-08-02	2.0 日											
10	□编码实现	2020-08-02	2020-08-07	6.0 日											
11	实现阶段任务及分工	2020-08-02	2020-08-02	1.0 日											
12	编码实现	2020-08-03	2020-08-07	5.0 日											
13	□测试任务	2020-08-02	2020-08-07	6.0 日											
14	确认测试任务及分工	2020-08-02	2020-08-02	1.0 日											
15	单元测试	2020-08-02	2020-08-07	6.0 日											
16	集成测试	2020-08-04	2020-08-07	3.5 日											
17	系统测试	2020-08-05	2020-08-07	3.0 日											
18	测试报告	2020-08-05	2020-08-07	2.5 日											
19	编写用户使用手册	2020-08-06	2020-08-07	1.5 日											

图 3-11　项目任务进度甘特图

步骤 4：根据模块制定测试内容，见表 3-6。

表 3-6　测 试 内 容

测试模块	测试内容	预期结果	实际结果
注册功能	用户名和密码长度	大于 5 位，小于 10 位	
	用户名和密码字符类型	英文和数字，不包含特殊字符	
	用户名和密码为空	错误	
	用户名已经注册过	不可以注册	
	两次输入的密码不一致	提示密码不一致	
	用户名和密码输入特殊字符	不能注册	
	用户名和密码相同	不能注册	
	密码是否在数据库中加密显示	暂不加密（以便于学习）	
	用户名是否区分大小写	区分大小写	
	再次输入密码是否区分大小写	区分大小写	
	是否支持 Tab 键和 Enter 键等	支持	
	密码是否可以复制粘贴	不可以	
	用户名和密码中带空格	用户名前后可以带空格，密码不可以带空格	
	是否支持汉字	用户名支持，密码不支持	

续表

测试模块	测试内容	预期结果	实际结果
登录模块	输入正确的用户名和密码	正常登录	
	输入数据库中不存在的用户名	不可以登录	
	输入数据库中存在的用户名，但密码错误	不可以登录	
	用户名和密码为空	不可以登录	
	输入用户名，但不输入密码	不可以登录	
	不输入用户名，但输入密码	不可以登录	
	不同账号在同一台机子上登录	正常登录	
	同一账号，在不同机子上登录	正常登录	
	忘记密码功能	暂无此功能	
	记住用户名和密码	暂无此功能	
	密码是否区分大小写	区分大小写	
	用户名和密码长度验证	大于 5 位，小于 10 位	
	用户名和密码字符类型验证	英文和数字，不包含特殊字符	

知识小结【对应证书技能】

项目开发计划是对整个项目的有力保障，是用于指导项目实施和管理的整合性、综合性、全局性、协调统一的整合计划文件。

测试计划可以有效预防计划的风险，保障计划的顺利实施。

重点掌握内容：

1）项目开发计划的制订。

2）测试计划的制订。

本任务知识技能点与等级证书技能的对应关系见表 3-7。

表 3-7　任务 3.3 知识技能点与等级证书技能对应

任务 3.3 知识技能点		对应证书技能			
知识点	技能点	工作领域	工作任务	职业技能要求	等级
1. 了解项目开发计划的内容 2. 了解项目测试计划的内容	1. 掌握项目开发计划的制订 2. 掌握项目测试计划的制订	3. 应用程序测试与部署	3.2 文档撰写	3.2.2 能够对小型项目进行任务分解并制订开发计划 3.2.3 能根据功能测试结果撰写测试报告	初级

知识拓展

项目计划开发是指通过使用项目其他专项计划过程所生成的结果（即项目的各种专项计划），运用整合和综合平衡的方法，制订出用于指导项目实施和管理的整合性、综合性、全局性、协调统一的整合计划文件。

测试计划（Testing Plan）是描述要进行的测试活动的范围、方法、资源和进度的文档，是对整个信息系统应用软件的组装测试和确认测试。软件测试确定测试项、被测特性、测试任务、谁执行任务以及各种可能的风险。测试计划可以有效预防计划的风险，保障计划的顺利实施。

完整的测试计划包含的内容很多，从引言到测试概要、测试规范、测试策略、发布标准、测试风险都可以被包含其中。本项目只着重介绍了两个功能模块的测试内容，其他内容读者可以自行查找资料进行学习。

任务 3.4　设计数据库

任务描述

数据库设计（Database Design）是指对于一个给定的应用环境，构造最优的数据库模式，建立数据库及其应用系统，使之能够有效地存储数据，满足各种用户的应用需求（信息要求和处理要求）。在数据库领域内，常常把使用数据库的各类系统统称为数据库应用系统。

数据库设计的内容包括：需求分析、概念结构设计、逻辑结构设计、物理结构设计、数据库的实施和数据库的运行和维护。

本任务完成数据库的设计，最终确定会议管理系统数据库所需要的所有数据库表及表中的字段。

知识准备

1. 数据库设计阶段

按照规范化设计的方法，考虑数据库及其应用系统开发的全过程，将数据库的设计分为 6 个阶段：

1）系统需求分析阶段。

2）概念结构设计阶段。

3）逻辑结构设计阶段。

4）数据库物理设计阶段。

5）数据库实施阶段。

6）数据库运行和维护阶段。

在数据库设计中，前两个阶段是面向用户的应用需求、面向实际的问题，中间两个阶段是面向数据库管理系统，最后两个阶段是面向具体的实现方法。前 4 个阶段可以统称为"分析设计阶段"，后两个阶段统称为"实现和运行阶段"，如图 3-12 所示。

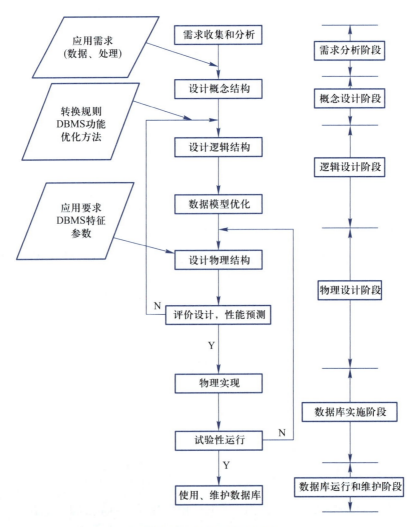

图 3-12　数据库设计步骤

2. 数据库设计的三大范式

（1）第一范式（1NF）

数据表中的每一列（字段），必须是不可拆分的最小单元，也就是确保每一列的原子性。满足第一范式是关系模式规范化的最低要求，否则，将有很多基本操作在这样的关系模式中实现不了。

（2）第二范式（2NF）

第二范式在第一范式的基础之上更进一层。它需要确保数据库表中的每一列都和主键相关，而不能只与主键的某一部分相关（主要针对联合主键而言）。也就是说在一个数据库表中，一个表中只能保存一种数据，不可以把多种数据保存在同一张数据库表中。

（3）第三范式（3NF）

第三范式需要确保数据表中的每一列数据都和主键直接相关，而不能间接相关。

3. 数据库设计五大约束

1）主键约束（Primay Key Constraint）：唯一性，非空性。

2）唯一约束（Unique Constraint）：唯一性，可以空，但只能有一个。

3）默认约束（Default Constraint）：该数据的默认值。

4）外键约束（Foreign Key Constraint）：需要建立两表间的关系。

5）非空约束（Not Null Constraint）：设置非空约束，该字段不能为空。

任务实施

步骤 1：完成系统需求分析。

随着我国经济的发展，企业会议的频率越来越高，流程也越来越复杂，传统的会议模式和企业需求之间的矛盾也越来越突出。会议系统可以更加有效地整合优化会议资源，进一步推进电子化、信息化办公模式，进而提高企业办公效率。

通过会议系统，会议组织者可以查询会议室资源后快速发布会议，而与会者也可以迅速查看自己的会议安排以便及时参与会议。会议管理系统将会议组织者、与会者以及会议室三者紧密关联，提升企业办公自动化水平。

更为详细的需求说明可参考本项目中的任务 3.2 编写需求说明书部分。

步骤 2：完成概念结构设计。

概念结构设计的目的，是在需求分析阶段产生的需求说明书的基础上，按照特定的方法把它们抽象为一个不依赖于任何具体机器的数据模型。

较为高效和直观的方式就是使用 E-R 图进行描述。E-R 图也称为实体—联系图
（Entity Relationship Diagram），它提供了表示实体类型、属性和联系的方法，用来描述现
实世界的概念模型。会议系统的 E-R 图如图 3-13 所示。

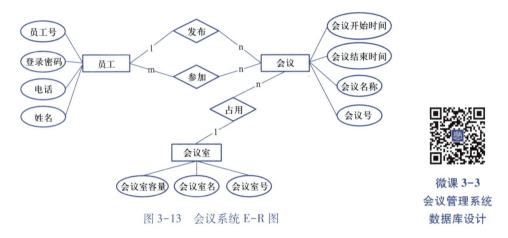

图 3-13　会议系统 E-R 图

微课 3-3
会议管理系统
数据库设计

步骤 3：实现逻辑结构设计。

数据库的逻辑结构设计，就是把概念结构设计阶段设计好的基本实体—关系图转换为
与选用的数据库管理系统产品所支持的数据模型相符合的逻辑结构，也就是将 E-R 图描
述的内容转换为数据库中的逻辑表。

通过分析，本项目主要包括部门信息、员工信息、会议信息、会议参与者信息、会议
室信息和网站访问数量共 6 张表，其结构及字段定义如下：

1）员工信息表（employee），见表 3-8。

表 3-8　员工信息表（employee）

中文名称	字段名	数据类型	描述
员工标识	employeeid	int	主键，自动增加，不可空
员工真实姓名	employeename	varchar	
注册用户名	username	varchar	
用户电话	phone	varchar	
用户邮件	email	varchar	
用户状态	status	varchar	0：待审批 1：审批通过 2：审批未通过
部门标识	departmentid	int	
密码	password	varchar	
角色	role	varchar	1：管理员 2：普通用户

2）部门信息表（department），见表 3-9。

表 3-9　部门信息表（department）

中 文 名 称	字 段 名	数 据 类 型	描　　　述
部门标识	departmentid	int	主键，自动增加，不可空
部门名称	departmentname	varchar	

3）会议信息表（meeting），见表 3-10。

表 3-10　会议信息表（meeting）

中 文 名 称	字 段 名	数 据 类 型	描　　　述
会议标识	meetingid	int	主键，自动增加，不可空
会议名称	meetingname	varchar	
会议室标识	roomid	int	
预定者标识	reservationistid	int	
参会人员个数	numberofparticipants	int	
开始时间	starttime	datetime	
结束时间	endtime	datetime	
预定时间	reservationtime	datetime	
取消时间	canceledtime	datetime	
描述	description	varchar	
状态	status	varchar	0：正常 1：取消

4）会议参与者信息表（meetingparticipants），见表 3-11。

表 3-11　会议参与者信息表（meetingparticipants）

中 文 名 称	字 段 名	数 据 类 型	描　　　述
会议编号	mid	int	主键，自动增加，不可空
会议标识	meetingid	int	
员工标识	employeeid	Int	

5）会议室信息表（meetingroom），见表 3-12。

表 3-12 会议室信息表（meetingroom）

中 文 名 称	字 段 名	数 据 类 型	描 述
会议室标识	roomid	int	主键，自动增加，不可空
会议室门牌号	roomnum	int	
会议室名称	roomname	varchar	
会议室容量	capacity	int	
会议室状态	status	varchar	0：启用 1：停用
描述	description	varchar	

6）网站访问次数表（counter），见表 3-13。

表 3-13 网站访问次数表（counter）

中 文 名 称	字 段 名	数 据 类 型	描 述
计数标识	counterid	int	主键，自动增加，不可空
用户标识	visitcount	int	

步骤 4：实现数据库物理设计。

数据库的物理设计是指数据库存储结构和存储路径的设计，即将数据库的逻辑结构在实际的物理存储设备加以实现，从而建立一个具有较好性能的物理数据库，该过程依赖于给定的计算机系统。在这一阶段，设计人员需要考虑数据库的存储问题，即所有数据在硬件设备上的存储方式和存取数据的软件系统数据库存储结构，以保证用户以其所熟悉的方式存取数据。

这一部分一般由数据库提供者负责，例如选择了使用 MySQL 数据库，数据库的物理设计就由 MySQL 数据库的提供者负责，只需要使用数据库语句和命令创建数据库、表、索引和存储结构即可。

步骤 5：数据库实施阶段。

运用 DBMS 提供的数据语言、工具及宿主语言，根据逻辑设计和物理设计的结果建立数据库，编制与调试应用程序，组织数据入库并进行试运行。

可以通过 SQL 命令语句，或者图形化数据库管理工具进行数据库的创建。

数据库实施阶段主要完成的工作如下：

1）建立实际数据库结构。

2）装入数据。

3）应用程序编码与调试。

4）数据库试运行（功能测试和性能测试）。

5）整理文档。

创建会议管理系统的 SQL 代码如下：

```
/*
SQLyog 企业版 - MySQL GUI v8.14
MySQL - 5.1.55-community : Database - meeting
**********************************************************
*/

/*!40101 SET NAMES utf8 */;

/*!40101 SET SQL_MODE='' */;

/*!40014 SET @OLD_UNIQUE_CHECKS=@@UNIQUE_CHECKS, UNIQUE_CHECKS
=0 */;
/*!40014 SET @OLD_FOREIGN_KEY_CHECKS=@@FOREIGN_KEY_CHECKS,
FOREIGN_KEY_CHECKS=0 */;
/*!40101 SET @OLD_SQL_MODE=@@SQL_MODE, SQL_MODE='NO_AUTO_
VALUE_ON_ZERO' */;
/*!40111 SET @OLD_SQL_NOTES=@@SQL_NOTES, SQL_NOTES=0 */;
CREATE DATABASE /*!32312 IF NOT EXISTS */'meeting' /*!40100 DEFAULT
CHARACTER SET utf8 */;

USE 'meeting';

/*Table structure for table 'counter' */

DROP TABLE IF EXISTS 'counter';

CREATE TABLE 'counter' (
  'visitcount' int(11) DEFAULT NULL
```

```
) ENGINE=InnoDB DEFAULT CHARSET=utf8;

/* Data for the table 'counter' */

insert   into 'counter'('visitcount') values (99);

/* Table structure for table 'department' */

DROP TABLE IF EXISTS 'department';

CREATE TABLE 'department' (
  'departmentid' int(16) NOT NULL AUTO_INCREMENT,
  'departmentname' varchar(20) CHARACTER SET utf8 DEFAULT NULL,
  PRIMARY KEY ('departmentid')
) ENGINE=InnoDB AUTO_INCREMENT=8 DEFAULT CHARSET=latin1;

/* Data for the table 'department' */

insert   into 'department'('departmentid','departmentname') values (1,'技术部'),(2,'人
事部'),(3,'财务部'),(4,'行政部'),(7,'运维部');

/* Table structure for table 'employee' */

DROP TABLE IF EXISTS 'employee';

CREATE TABLE 'employee' (
  'employeeid' int(16) NOT NULL AUTO_INCREMENT,
  'employeename' varchar(14) CHARACTER SET utf8 DEFAULT NULL,
  'username' varchar(20) CHARACTER SET utf8 DEFAULT NULL,
  'phone' varchar(20) DEFAULT NULL,
  'email' varchar(100) DEFAULT NULL,
  'status' varchar(20) CHARACTER SET utf8 DEFAULT NULL,
  'departmentid' int(16) DEFAULT NULL,
```

'password' varchar(50) DEFAULT NULL,

'role' varchar(12) CHARACTER SET utf8 DEFAULT NULL,

PRIMARY KEY ('employeeid')

) ENGINE=InnoDB AUTO_INCREMENT=28 DEFAULT CHARSET=latin1;

/* Data for the table 'employee' */

insert into 'employee'('employeeid','employeename','username','phone','email','status','departmentid','password','role') values (8,'王晓华','wangxh','13671075406','wang@qq.com','1',1,'1','1'),(9,'林耀坤','linyk','13671075406','yang@qq.com','1',2,'1','2'),(10,'熊杰文','xiongjw','134555555','xiong@qq.com','1',3,'1','2'),(11,'王敏','wangmin','1324554321','wangm@qq.com','2',4,'1','2'),(12,'林耀坤','linyk','1547896765','kun@qq.com','1',7,'1','2'),(13,'林耀坤','linyk','13897338822','yao@qq.com','1',1,'2','2'),(14,'林耀坤','linyk','18908789808','yangyk@qq.com','2',2,'2','2'),(15,'黄美玲','huangml','huangml@qq.com','13567898765','1',3,'1','2'),(16,'黄美玲','huangml','huangml@qq.com','13567898765','2',4,'1','2'),(17,'黄美玲','huangml002','huangml@qq.com','13567898765','2',1,'1','2'),(20,'王敏','wangmin002','13454332334','wang@qq.com','1',4,'1','2'),(21,'陈敏','chenm','13559994444','www@aa.com','1',2,'1','2'),(23,'陈晨','wangm','22·2','11','1',1,'1','2'),(25,'王晓华','wangxh222','111','1','1',4,'1','2'),(27,'张三','zhangsan','122','22','0',4,'1','2');

/* Table structure for table 'meeting' */

DROP TABLE IF EXISTS 'meeting';

CREATE TABLE 'meeting' (

'meetingid' int(16) NOT NULL AUTO_INCREMENT,

'meetingname' varchar(20) CHARACTER SET utf8 DEFAULT NULL,

'roomid' int(16) DEFAULT NULL,

'reservationistid' int(16) DEFAULT NULL,

'numberofparticipants' int(16) DEFAULT NULL,

'starttime' datetime DEFAULT NULL,

'endtime' datetime DEFAULT NULL,

'reservationtime' datetime DEFAULT NULL,

'canceledtime' datetime DEFAULT NULL,

'description' varchar（200）CHARACTER SET utf8 DEFAULT NULL,

'status' varchar（20）CHARACTER SET utf8 DEFAULT NULL,

PRIMARY KEY（'meetingid'）

) ENGINE＝InnoDB AUTO_INCREMENT＝40 DEFAULT CHARSET＝latin1;

／＊ Data for the table 'meeting' ＊／

insert into 'meeting'（'meetingid','meetingname','roomid','reservationistid','numberofpartici-pants','starttime','endtime','reservationtime','canceledtime','description','status'）values（25, 'ces',5,8,12,'2015－01－12 10:00:00','2015－01－12 12:00:00','2015－01－10 23:02:39', NULL,NULL,'1'）,（26,'测测',7,8,12,'2015－01－12 13:00:00','2015－01－12 15:00:00', '2015－01－17 23:04:18','2015－01－11 01:06:20',NULL,'1'）,（27,'我看看',6,8,12, '2015－01－13 23:06:06',' 2015－01－14 03:06:08 ',' 2015－01－10 23:06:33 ', '2015－01－11 01:01:42','我看看','1'）,（28,'运营会',5,8,12,'2015－01－10 23:26:11', '2015－01－11 23:26:13','2015－01－10 23:26:26',NULL,'测试','0'）,（29,'市场部会议', 6,8,12,'2015－01－10 23:44:22','2015－01－11 23:44:24','2015－01－10 23:44:41', NULL,'市场部','0'）,（30,'内部会议',10,8,12,'2015－01－10 23:55:59','2015－01－11 23:56:01','2015－01－10 23:56:20',NULL,'内部会议','0'）,（31,'我的会议',9,8,12, '2015－01－12 16:33:16','2015－01－13 16:33:18','2015－01－11 16:35:11',NULL,'测试', '0'）,（32,'我的会议哈哈',5,8,10,'2015－01－12 16:40:31','2015－01－13 16:40:35', '2015－01－11 16:40:50',NULL,'','0'）,（33,'哈哈',6,8,12,'2015－01－12 16:41:45', '2015－01－13 16:41:48','2015－01－11 16:42:09','2015－01－12 11:44:57','你好','1'）, （34,'我的会议 3',8,8,12,'2015－01－11 16:42:36','2015－01－13 16:42:38','2015－01－11 16:42:51',NULL,'测试','0'）,（35,'我的会议',7,8,12,'2015－01－11 16:44:03', '2015－01－11 16:44:05','2015－01－11 16:44:35',NULL,'','0'）,（36,'我问问',7,8,12, '2015－01－11 16:56:57','2015－01－11 16:56:59','2015－01－11 16:57:56','2015－01－11 16:59:57','地点','1'）,（37,'我的会议 4',7,8,12,'2015－01－12 16:59:26','2015－01－12 16:59:31','2015－01－11 16:59:49',NULL,'我的会议','0'）,（38,'班会',9,8,12,'2015－01－15 16:46:25','2015－01－16 18:46:53','2015－01－12 11:49:17','2015－01－12 11:49:37','班会','1'）,（39,'测试会议',5,8,12,'2015－01－14 14:41:11','2015－01－15 14:41:14','2015－01－14 14:44:07',NULL,'ss','0'）;

/ * Table structure for table 'meetingparticipants' * /

DROP TABLE IF EXISTS 'meetingparticipants';

CREATE TABLE 'meetingparticipants' (
  'meetingid' int(16) NOT NULL,
  'employeeid' int(16) DEFAULT NULL
) ENGINE = InnoDB DEFAULT CHARSET = latin1 ;

/ * Data for the table 'meetingparticipants' * /

insert into 'meetingparticipants'('meetingid','employeeid') values (28,13),(28,23),(28,
27),(28,16),(29,16),(29,13),(29,8),(30,15),(30,13),(30,8),(30,23),(27,
8),(26,8),(25,8),(28,8),(31,8),(31,17),(31,23),(32,8),(32,17),(33,15),
(34,8),(34,17),(35,8),(36,9),(36,8),(37,8),(37,23),(38,11),(38,16),
(38,20),(39,13) ;

/ * Table structure for table 'meetingroom' * /

DROP TABLE IF EXISTS 'meetingroom';

CREATE TABLE 'meetingroom' (
  'roomid' int(16) NOT NULL AUTO_INCREMENT,
  'roomnum' int(16) NOT NULL,
  'roomname' varchar(20) CHARACTER SET utf8 NOT NULL,
  'capacity' int(16) DEFAULT NULL,
  'status' varchar(20) CHARACTER SET utf8 DEFAULT NULL,
  'description' varchar(200) CHARACTER SET utf8 DEFAULT NULL,
  PRIMARY KEY ('roomid')
) ENGINE = InnoDB AUTO_INCREMENT = 11 DEFAULT CHARSET = latin1 ;

```
/ * Data for the table 'meetingroom'  */

insert into 'meetingroom'('roomid','roomnum','roomname','capacity','status','description')
values (5,101,'第一会议室',15,'0','公共会议室'),(6,102,'第二会议室',5,'0','管理
部门会议室'),(7,103,'第三会议室',12,'0','市场部专用会议室'),(8,401,'第四会议
室',15,'0','公共会议室'),(9,201,'第五会议室',15,'0','最大会议室'),(10,601,'第六
会议室',12,'0','需要提前三天预定');

/ * !40101 SET SQL_MODE=@OLD_SQL_MODE */;
/ * !40014 SET FOREIGN_KEY_CHECKS=@OLD_FOREIGN_KEY_CHECKS */;
/ * !40014 SET UNIQUE_CHECKS=@OLD_UNIQUE_CHECKS */;
/ * !40111 SET SQL_NOTES=@OLD_SQL_NOTES */;
```

步骤 6：数据库运行和维护阶段。

数据库应用系统经过试运行后即可投入正式运行。在数据库系统运行过程中必须不断地对其进行评价、调整与修改。

数据库运行和维护阶段的主要任务如下：

1）维护数据库的安全性与完整性。

2）监测并改善数据库性能。

3）重新组织和改良数据库。

4）数据库数据备份。

知识小结【对应证书技能】

数据库设计的目的即设计目标就是要实现数据的共享和安全存取，一个好的数据库设计可以为编码阶段提供有力的数据保障。

重点掌握内容：

1）E-R 图的绘制。

2）数据库表的创建。

3）数据库设计的三个范式。

本任务知识技能点与等级证书技能的对应关系见表 3-14。

表 3–14 任务 3.4 知识技能点与等级证书技能对应

任务 3.4 知识技能点		对应证书技能			
知识点	技能点	工作领域	工作任务	职业技能要求	等级
1. 了解 My-SQL 数据库的基本知识	1. 掌握 My-SQL 数据库表的创建	1. 开发和运行环境搭建	1.2 数据库安装与使用	1.2.3 熟练掌握创建、删除数据库和查看数据库列表 1.2.4 熟练掌握创建表、创建删除索引、主键，查看表列表和表结构 1.2.5 能够对表数据进行增加、修改、删除和简单查询	初级

任务 3.5　实现用户登录

任务描述

本任务主要实现以下功能：提示用户从键盘输入用户名和密码，程序查询数据库 Employee 表，确认是否为合法用户，根据注册信息在控制台打印"登录成功"或"登录失败"的字符串。

1）测试输入在数据库中已有的数据记录：用户名为 wangxh，密码为 1，控制台输出"登录成功"，如图 3–14 所示。

图 3–14　测试数据库存在的数据

2）测试输入在数据库中没有的数据记录：用户名为 a，密码为 1，控制台输出"登录失败"，如图 3–15 所示。

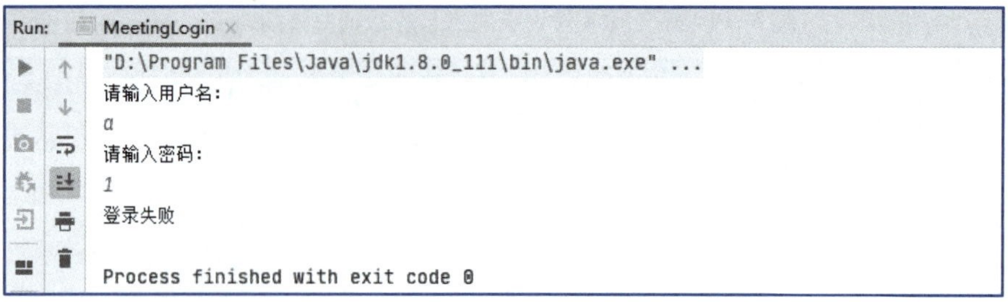

图 3-15　测试数据库不存在的数据

知识准备

1. Java 项目添加依赖的原理

Java 是开源编码，有很多第三方提供很多优秀的框架。例如，要做一个搜索网站很复杂，但如果有人事先做好了搜索引擎框架，并生成了 JAR 包，则只要在代码里引入，并且按开发搜索引擎的程序规范对其初始化，就可以直接使用了。

2. Window 操作系统端口

这里所说的端口不是指物理意义上的端口，而是特指 TCP/IP 中的端口，是逻辑意义上的端口。本地操作系统会给那些有需求的进程分配一个端口。当目的主机接收到数据包后，将根据数据包中指定的目的端口号，把数据发送到相应端口，然后由占有该端口的进程进行操作。用户可使用的端口的范围为 0 ~ 65535，并且一个端口被某个进程占用后不能被其他的进程使用。MySQL 数据库服务器所使用的默认端口是 3306。

任务实施

步骤 1：导入 MySQL 数据库的 Java 驱动包。

打开链接 https://dev. mysql. com/downloads/connector/j/，在 Select Operating System 下拉列表中选择 Platform independent，下载 MySQL 数据库的 Java 驱动包 mysql-connector-java-8. 0. 23. zip，如图 3-16 所示。

解压下载的 ZIP 文件，将其中的 mysql-connector-java-8. 0. 23. jar 导入到应用程序中，如图 3-17 所示。

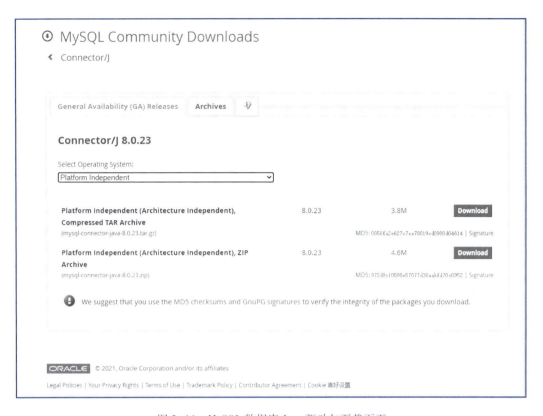

图 3-16　MySQL 数据库 Java 驱动包下载页面

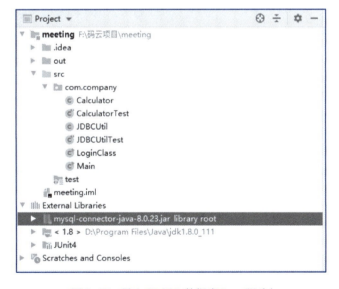

微课 3-4
实现用户登录

图 3-17　导入 MySQL 数据库 Java 驱动包

步骤 2：注册数据库驱动。

使用 Class. forName 方法注册数据库驱动包，初始化给定的类。前面导入的 mysql-connector-java-8.0.23.jar 包下有一个类 com. mysql. cj. jdbc. Driver，该类在静态代码块中通过 JDBC 的驱动管理器 DriverManager 注册并初始化了将要使用的数据库驱动类。

```
Class. forName("com. mysql. cj. jdbc. Driver");
```

步骤 3：连接数据库。

通过驱动管理器的 getConnection 方法获取数据库连接，将连接对象赋值给 javax. sql. Connection 类的对象 conn。getConnection 的第一个参数是连接字符串 url（uniform resource locator），这里使用的是 MySQL 数据库的通用连接字符串，连接本机的 3306 端口，数据库名称为 meeting，不使用安全连接，服务器时钟是协调世界时 UTC，第二个参数是数据库用户名 root，第三个参数则是密码 root。请读者根据实际运行环境修改参数值。

```
Connection conn = DriverManager. getConnection("jdbc:mysql://localhost:3306/meeting?
useSSL=false&serverTimezone=UTC","root","root");
```

步骤 4：定义 SQL 语句和预编译语句。

本任务以检查用户输入的用户名和密码是否与数据库表 employee 中某条记录匹配为目标，如果匹配即认为登录成功，否则失败。因此，定义了一条带 where 子句的查询语句，使用 PreparedStatement 预编译语句执行 select 查询语句，能查询到记录则登录成功，否则失败。关于 PreparedStatement 的介绍详见后面的知识拓展。

```
String sql="select * from employee where username=? and password=?";
PreparedStatement preparedStatement=conn. prepareStatement(sql);
```

步骤 5：定义键盘输入流对象。

使用键盘读入流对象 System. in 构造缓冲字符读入流 BufferedReader 对象 sc。代码如下：

```
BufferedReader sc=new BufferedReader(new InputStreamReader(System. in));
```

步骤 6：读取键盘输入流。

分别提示用户从控制台输入用户名和密码，使用上面定义的缓冲字符读入流对象 sc 的 readLine 方法进行行读取。代码如下：

```
System. out. println("请输入用户名:");
String username=sc. readLine();
System. out. println("请输入密码:");
String password=sc. readLine();
```

步骤 7：赋值给预编译语句对象。

使用预编译语句对象 preparedStatement 的 setXXX 方法将读到的用户名和密码字符串分

别赋值给对应的预编译语句对象 preparedStatement 的 SQL 语句" select ＊ from employee where username =? and password =?" 占位符。其中 username 赋值给第一个英文半角问号（"?"）, password 赋值给第二个英文半角问号（"?"）。代码如下：

```
preparedStatement. setString(1,username);
preparedStatement. setString(2,password);
```

步骤 8：执行。

使用预编译语句对象 preparedStatement 的 executeQuery( ) 方法执行 SQL 语句，如果返回不为空则在控制台打印"登录成功"，否则打印"登录失败"。代码如下：

```
    if( preparedStatement. executeQuery( ). next( ))
        System. out. println("登录成功");
    else
        System. out. println("登录失败");
}
```

步骤 9：关闭连接。

程序结束前，需要关闭连接释放资源，包括预编译语句对象、结果集对象以及数据库连接对象。代码如下：

```
preparedStatement. close( );
conn. close( );
```

步骤 10：测试。

上述步骤整合起来的完整代码如下，测试过程和结果如图 3-14 和图 3-15 所示。

```
public static void main(String[ ] args) throws IOException {
    try {
        Class. forName("com. mysql. cj. jdbc. Driver");
        Connection conn = DriverManager. getConnection(" jdbc:mysql://localhost:
3306/meeting?useSSL=false&serverTimezone=UTC", "root", "root");
        String sql = "select ＊ from employee where username =? and password =?";
        PreparedStatement preparedStatement = conn. prepareStatement(sql);
        BufferedReader sc = new BufferedReader(new InputStreamReader(System. in));
        System. out. println("请输入用户名:");
        String username = sc. readLine( );
```

```
            System. out. println("请输入密码:");
            String password = sc. readLine();
            preparedStatement. setString(1, username);
            preparedStatement. setString(2, password);
            if (preparedStatement. executeQuery(). next()) System. out. println("登录成功");
            else System. out. println("登录失败");
            preparedStatement. close();
            conn. close();
        | catch (SQLException | IOException | ClassNotFoundException e) |
            e. printStackTrace();
        |
    |
```

知识小结【对应证书技能】

PreparedStatement 对象中的 SQL 语句可带一个或多个英文半角"?"占位符。占位符的值在 SQL 语句创建时未被指定。每个问号的值必须在该语句执行之前，通过适当的 setXXX 方法来设置发送给数据库以取代占位符的值。

同时，PreparedStatement 的 3 种执行 SQL 语句的方法 execute、executeQuery 和 execute-Update 不需要任何参数。

本任务知识技能点与等级证书技能的对应关系见表 3-15。

表 3-15　任务 3.5 知识技能点与等级证书技能对应

任务 3.5 知识技能点		对应证书技能			
知识点	技能点	工作领域	工作任务	职业技能要求	等级
1. JDBC 驱动程序 2. 连接字符串 3. 预编译语句	1. 注册驱动包 2. 连接数据库 3. 使用预编译语句对象执行 SQL 语句	2. 应用程序代码编写	2.2 数据访问	2.2.5 掌握 Java JDBC 数据库操作流程，能模仿示例创建数据库连接，创建语句对象，发送 SQL 语句并执行数据库的查询及数据修改操作	初级

知识拓展

Statement 是 Java 执行数据库操作的重要接口，用于向数据库发送要执行的 SQL 语句。Statement 对象用于执行不带参数的简单 SQL 语句。PreparedStatement 接口继承 Statement，用于执行带参数的 SQL 语句。作为 Statement 的子类，PreparedStatement 继承了 Statement

的所有功能，包括 3 种执行 SQL 语句的方法 execute、executeQuery 和 executeUpdate。

由于 PreparedStatement 对象已预编译过，所以其执行速度要快于 Statement 对象。因此，创建 PreparedStatement 对象来发送需要多次执行的 SQL 语句效率更高。所以，在 JDBC 应用中应尽量使用 PreparedStatement。

任务 3.6　实现用户注册和单元测试

任务描述

本任务实现在控制台提示用户输入用户名、账户、密码等信息，将合法的信息写入数据库表 Employee。

知识准备

单元测试又称为模块测试，是针对程序模块（软件设计中的最小单元）来进行正确性检验的测试工作。每编写完一个模块，都需要对这个模块的方方面面进行测试，这样的测试称为单元测试。单元测试编写的测试代码用以检测特定的、明确的、细粒度的业务功能。严格的单元测试能提高代码质量和代码可读性。

严格来说，单元测试只针对功能点进行测试，不包括对业务流程正确性的测试。它会从模块是否实现了预期效果、数据是否符合预期、全流程是否顺利等方面来测试功能点。单元测试的原则如下：

1）保持单元测试的独立性。为了保证单元测试稳定可靠且便于维护，单元测试用例之间绝不能互相调用，也不能依赖执行的先后次序。

2）单元测试可以重复执行，不能受到外界环境的影响。

3）单元测试的基本目标是语句覆盖率达到 70%，核心模块的语句覆盖率和分支覆盖率都要达到 100%。

Java 的单元测试包 JUnit4 以 org. junit 为框架，大大简化了单元测试工作。它提供了如 @ Before、@ After 形式的注解完成测试的初始化和收尾工作。

任务实施

步骤 1：新建 JDBCUtil 类。

将任务 3.5 中使用的数据库连接和关闭设计成通用的 JDBCUtil 类，其中包含链接对象 connection、预编译语句对象 preparedStatement、数据库连接字符串 url、用户名 username、密码 password 静态成员属性，以及连接数据库 getConnetction( ) 和关闭连接 closeAll( ) 的静态成员方法，以此提高数据库连接类的重用性。getConnetction( ) 方法注册了使用的数据库驱动，并创建了数据库连接，返回连接对象，方法体内捕获了两个异常，分别是 ClassNot-FoundException（注册驱动类未找到异常）和 SQLException（SQL 异常）。closeAll( ) 方法关闭了预编译语句对象和连接对象，释放资源，方法体内捕获了一个 SQLException（SQL 异常）。详细代码如下：

```java
public class JDBCUtil {
    private static Connection connection;
    private static PreparedStatement preparedStatement = null;
    private static String url = " jdbc: mysql://localhost: 3306/meeting? useSSL =
false&serverTimezone = UTC";
    private static String username = "root";
    private static String password = "root";

    public static Connection getConnetction( ) {
        try {
            Class. forName( "com. mysql. cj. jdbc. Driver");
            connection = DriverManager. getConnection( url, username, password);
            return connection;
        } catch (ClassNotFoundException | SQLException e) {
            e. printStackTrace( );
            return null;
        }
    }
    public static void closeAll( ) {
        try {
            preparedStatement. close( );
            connection. close( );
        } catch (SQLException throwables) {
            throwables. printStackTrace( );
        }
    }
}
```

步骤 2：JDBCUtil 类添加执行预编译语句的通用方法。

为步骤 1 的 JDBCUtil 类添加一个 execStatement 方法，以字符串 sql 和参数值列表 params 作为方法的输入参数。方法体以 sql 作为预编译语句对象的执行语句，使用循环遍历 params 列表值赋给 sql 语句的占位符。调用执行预编译语句对象 preparedStatement 的 executeUpdate 方法后，返回一个整数，说明受影响的行数（即更新计数）。代码如下：

```java
public static int execStatement(String sql, List<Object> params) {
    try {
        preparedStatement = getConnetction().prepareStatement(sql);
        for (int i = 0; i < params.size(); i++) preparedStatement.setObject(i + 1,
params.get(i));
        return preparedStatement.executeUpdate();
    } catch (SQLException throwables) {
        throwables.printStackTrace();
        return -1;
    }
}
```

步骤 3：单元测试。

为项目导入 JUnit4 的外部依赖包。新建 JDBCUtilTest 类，其中定义了输入参数 sql 和 params，以及测试结果的期望值 result。@Before 注解表示 setUp 方法在测试前需要完成为 params 列表赋值的操作；@Test 注解表示将要执行测试的方法 testExec，方法体内 assertEquals 是一个断言，判断 JDBCUtil.execStatement（sql, params）的执行结果是否与 result 变量值相等；@After 注解说明了 after 方法将在测试方法运行后执行。

```java
public class JDBCUtilTest {
    private String sql = "insert into employee(employeename, username, phone, email,
status, departmentid, password, role) values(?,?,?,?,?,?,?,?)";
    private List<Object> params = new ArrayList<Object>();
    private int result = 1;
    @Before
    public void setUp() {
        params.add("熊猫");
        params.add("julia");
        params.add("13880098888");
```

```
        params. add( "julia@ qq. com" );
        params. add( "1" );
        params. add( "1" );
        params. add( "1" );
        params. add( "1" );
    }
    @ Test
    public void testExec( ) {
        // 注意是调用的成员变量
        assertEquals( this. result, JDBCUtil. execStatement( sql, params) );
    }
    @ After
    public void after( ) {
        // 注意是调用的成员变量
        JDBCUtil. closeAll( );
    }
}
```

执行上面的测试方法 testExec，在控制台上显示如图 3-18 所示，表明测试成功。

图 3-18　单元测试成功

如果将期望值 result 变量改为 0，则会出现预期值和实际值不一致的测试失败提示，如图 3-19 所示。

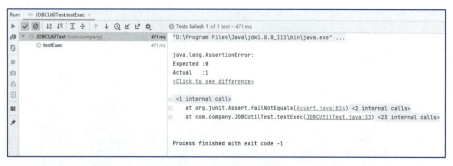

图 3-19　单元测试失败

但是数据库里新增了两条一模一样的数据，如图 3-20 所示。

| 36 | 熊猫 | julia | 13880098888 | julia@qq.com | 1 | | 1 | 1 | | 1 |
| 37 | 熊猫 | julia | 13880098888 | julia@qq.com | 1 | | 1 | 1 | | 1 |

图 3-20　数据库新增数据

步骤 4：主方法实现注册功能。

RegisterClass 类中定义了为 employee 表新增记录的字符串 sql、提示输入字符串数组 input_String 以及接收用户输入的列表对象 params。如果 JDBCUtil. execStatement（sql，params）执行结果大于 0，则表示执行成功，否则失败。

```java
public class RegisterClass {
    public static void main(String[] args) throws IOException {
        String sql = " insert into employee ( employeename, username, phone, email, status, departmentid, password, role) values(?,?,?,?,?,?,?,?)";
        String[] input_String = {"please input employeeName:", "please input username:", "please input phone:", "please input email:", "please input status:", "please input departmentid:", "please input password:", "please input role:"};
        List<Object>params = new ArrayList<Object>();
        BufferedReader sc = new BufferedReader(new InputStreamReader(System.in));
        for (int i = 0; i <input_String.length; i++) {
            System.out.println(input_String[i]);
            params.add(sc.readLine());
        }
        int flag = JDBCUtil.execStatement(sql, params);
        if (flag >0) System.out.println("success");
        else System.out.println("fail");
        JDBCUtil.closeAll();
    }
}
```

执行主方法，运行结果如图 3-21 所示，根据提示输入用户信息。

检查数据库 employee 表，添加了一条对应记录。

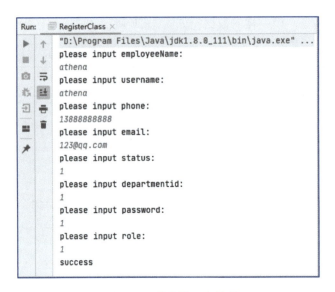

微课 3-5
实现用户注册
和单元测试

图 3-21　控制台运行结果

知识小结【对应证书技能】

如果不使用 JDBCUtil 封装类，数据访问层使用 JDBC 技术时有以下主要弊端：

1）重复定义数据库链接对象、SQL 语句操作对象、封装结果集对象。

2）封装数据代码重复，操作复杂，代码量大。

3）释放资源代码重复。

使用 JDBCUtil 封装类能大幅减少 JDBC 编码的工作量。通过对创建连接、结果集封装、释放资源的封装，简化了数据访问对象层的操作，同时也不会影响程序的性能。

本任务知识技能点与等级证书技能的对应关系见表 3-16。

表 3-16　任务 3.6 知识技能点与等级证书技能对应

任务 3.6 知识技能点		对应证书技能			
知识点	技能点	工作领域	工作任务	职业技能要求	等级
1. Java 单元测试	1. 执行 JUnit 单元测试	3. 应用程序测试与部署	3.1 功能测试	3.1.1 熟悉测试流程和测试管理工具 3.1.2 能够编写测试用例 3.1.3 能够根据测试用例执行测试 3.1.4 能够针对测试结果进行合理的评估和分级	初级

知识拓展

生活中的异常一般指意外发生的事情，或者出现了意料之外的情况。异常处理就是要对这些意外的情况进行相应的处理。

举例来说，假如要去图书馆借书，正常情况当然是先去图书馆，然后寻找自己需要的书籍，然后办理借阅。但是假如到达图书馆的时候发现图书馆并没有开门，或者借阅书籍的时候发现图书编码错误，也就是说出现了一些意外的情况，导致无法借阅书籍。人类有思考的能力，可以自己决定如何处理意外情况，但是计算机无法有效处理程序的异常情况，而无法解决程序异常通常所导致的结果就是程序崩溃，这种情况是人们不希望看到的。

程序运行过程中会发生各种非正常状况，比如磁盘空间不足、网络连接中断、被装载的类不存在等。为了解决异常问题，Java 引入了异常处理机制，处理软件或信息系统中出现的异常状况（即超出程序正常执行流程的某些特殊条件）。这样，即使程序出现了异常，也不会出现程序崩溃的现象，即便程序无法修复异常，也可以给用户提供一个操作建议。

异常处理功能分离了接收和处理异常的代码。这个功能理清了编程者的思绪，也增强了代码的可读性，方便运维者的阅读和理解。异常处理功能提供了处理程序运行时出现的任何意外或异常情况的方法。异常处理使用 try、catch 和 finally 关键字来尝试可能无法成功的操作、处理失败以及在事后清理资源。

异常发生的原因有很多，有些是用户错误引起（主要是错误操作，如输入不合法数据），有些是程序错误引起的，还有一些是物理错误引起的，通常包含以下几大类：

1）用户输入了非法数据。

2）要打开的文件不存在。

3）网络通信时连接中断，或者 JVM 内存溢出。

4）操作数据库时，数据库不能正常连接。

微课 3-6
异常介绍

要理解 Java 异常处理是如何工作的，需要掌握以下 3 种类型的异常：

① 检查性异常。最具代表的检查性异常是用户错误或问题引起的异常，这是程序员无法预见的。例如，要打开一个不存在文件时，异常就发生了，这些异常在编译时不能被简单忽略。任务 3.6 程序中捕获的 ClassNotFoundException（注册驱动类未找到异常）就是检查性异常。

② 运行时异常。运行时异常是可能被程序员避免的异常。与检查性异常相反，运行时异常可以在编译时被忽略。任务 3.6 程序中捕获的 SQL 异常 SQLException 属于运行时异常。

③ 错误。错误不是异常，而是脱离程序员控制的问题。错误在代码中通常被忽略。例如，当栈溢出时，一个错误就发生了，在编译时也检查不到的。

Java 把异常当作对象来处理，并定义一个基类 java.lang.Throwable 作为所有异常的超类。在 Java API 中已经定义了许多异常类。Throwable 有两个直接子类 Error 和 Exception，其中 Error 代表程序中产生的错误，Exception 代表程序中产生的异常。Throwable 类的继承体系如图 3-22 所示。

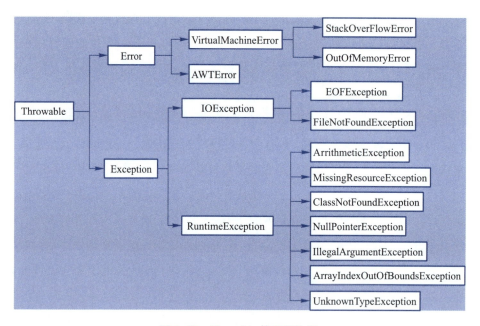

图 3-22   Throwable 体系架构图

示例：实现两个数字相除，除数为 0 的运行时异常处理。

```
public class Test {
    public static void main(String[ ] args) {
        //下面的代码定义了一个 try...catch...finally 语句用于捕获异常
        try {
            int result = divide(4, 0);                //调用 divide()方法
            System.out.println(result);
        } catch (Exception e) {                       //对捕获到的异常进行处理
            System.out.println("捕获的异常信息为：" + e.getMessage());
            return;                                    //用于结束当前语句
        } finally {
            System.out.println("进入 finally 代码块");
```

```
        }
            System. out. println("程序继续向下执行...");
        }

    //下面的方法实现了两个整数相除
    public static int divide(int x, int y) {
        int result = x / y; //定义一个变量 result 记录两个数相除的结果
        return result; //将结果返回
    }
}
```

项目总结

　　本项目中的任务 1 至任务 4 主要完成了会议管理系统的需求说明书、项目开发计划和测试计划的编写以及项目数据库环境搭建，任务 5 和任务 6 则在 Java 应用程序中使用 JDBC 技术实现了对项目数据库的连接和操作，使用 JUnit 测试了会议管理系统的登录和注册功能。学完本项目，除了能掌握数据库服务器的安装、制订项目的开发计划和测试计划，还能熟练掌握 JDBC 包的数据库连接、执行和关闭技术。

　　作为项目 4 的前导章节，项目 3 旨在介绍会议管理系统的项目需求和技术选型，在分析了项目的主体功能基础上实现了项目数据库的完整设计，为项目 4 的设计和实施打下了一定基础。

文本: 参考答案

课后练习

一、选择题

1. 下列 SQL 语句中，用于更新数据库中数据的是（　　）。

A. MODIFY

B. SAVE AS

C. UPDATE

D. SAVE

2. 在 JUnit 中，表示单元测试方法的注释是（   ）。

A. @ Test

B. @ Before

C. @ After

D. @ BeforeClass

3. 数据表中的每一列（字段）必须是不可拆分的最小单元，也就是确保每一列的原子性。这属于（   ）。

A. 第一范式

B. 第二范式

C. 第三范式

D. 第四范式

二、填空题

1. 数据库设计有五大约束，它们是_____、_____、_____、_____、_____。

2. 作为 Statement 的子类，PreparedStatement 继承了 Statement 的所有功能，包括 3 种执行 SQL 语句的方法_____、_____和_____。

3. 使用 Class. forName 方法注册数据库驱动包，初始化给定的类。注册类的名字是：Class. forName("_____")；

三、简答题

1. 如果用户使用的不是本地的数据库，而是位于 IP 为 1. 2. 3. 4、端口为 5555 的数据库，用户名为 user，密码为 123，请写出 DriverManager. getConnection 所对应的参数。

2. 对比数据库设计的五大约束，查看 Employee 表中哪些地方是满足的。

3. 在单元测试中，如果测试的是查询模块而不是插入模块，请写出对应的测试代码。

四、实训题

已知有数据库表（订单）如下：

订 单 号	菜 品 名	菜 品 单 价	菜 品 数 量
1	鱼香肉丝	25. 50	3
1	宫保鸡丁	30. 00	2
1	水煮肉片	32. 50	1
2	回锅肉	18. 00	1
2	沸腾鱼	36. 50	2

请编写 SQL 语句查询订单号为 1 的订单总价。

本项目主要完成会议管理系统的静态网页设计和 JSP Web 动态网站开发，最终达到如下职业能力目标：

1）掌握 HTML、CSS、JavaScript，能开发静态网站。

2）掌握 JSP、Servlet 和 JavaBean 结合 JDBC 编程，能开发动态网页。

3）掌握 EL 和 JSTL 并能简化 JSP 页面开发。

4）掌握 JSP Web 动态网站开发的其他常见技能。

PPT：项目 4
Web 应用程序
打包发布

会议管理系统的主要功能详见项目 3，主要通过设计一个 Web 端应用程序访问数据库，实现对员工、部门、会议室和会议这几种实体的管理，完成各模块的开发、测试，完整项目的打包和发布。

知识结构

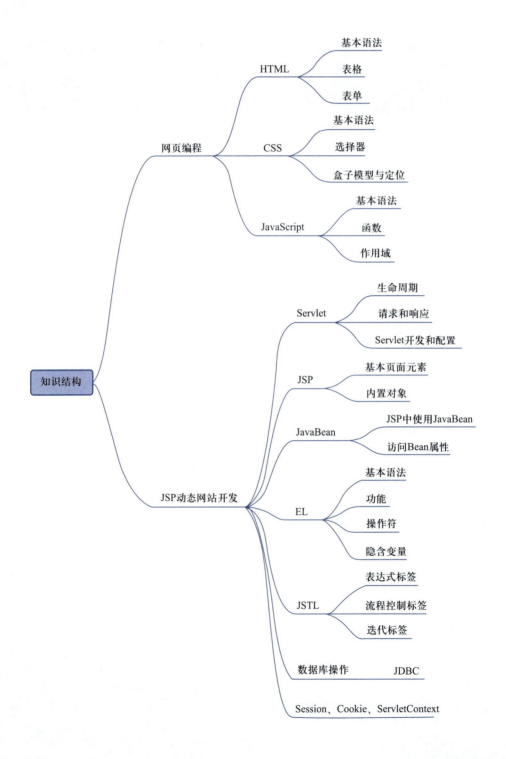

任务 4.1　安装和配置 Tomcat

任务描述

Tomcat 是最流行、最轻便的 Java Web 应用服务器之一。本任务将介绍 Tomcat 的安装和配置。这里选择的版本是 Tomcat 9。

知识准备

Web 服务器是运行及发布 Web 应用的容器，只有将开发的 Web 项目放置到该容器中，才能使互联网中的所有用户通过浏览器访问到该 Web 应用。开发 Java Web 应用所采用的服务器主要是与 JSP/Servlet 兼容的 Web 服务器，比较常用的有 Tomcat、JBoss、WebSphere、Resin 和 WebLogic 等，下面将分别进行介绍。

1. Tomcat 服务器

目前较为流行的 Tomcat 服务器是 Apache-Jarkarta 开源项目的子项目，是一个小型、轻量级的支持 JSP 和 Servlet 技术的 Web 服务器，也是初学者学习开发 JSP 应用的首选。

2. JBoss 服务器

JBoss 是一个基于 Java EE 规范、开放源代码的 EJB 服务器。JBoss 代码遵循 LGPL 许可，可以在任何商业应用中免费使用。JBoss 采用 JML API 实现软件模块的集成与管理，其核心是管理 EJB 的服务器，不包含支持 Servlet 和 JSP 的 Web 容器，不过它可以和 Tomcat 完美结合。

3. WebSphere 服务器

WebSphere 是 IBM 公司的产品，可进一步细分为 WebSphere Performance Pack、Cache Manager 和 WebSphere Application Server 等系列，其中 WebSphere Application Server 是基于 Java 的应用环境，可以运行于 Sun Solaris、Windows NT 等多种操作系统平台，用于建立、部署和管理 Internet 和 Intranet Web 应用程序。

4. Resin 服务器

Resin 是 Caucho 公司的产品，是一个非常流行的支持 Servlet 和 JSP 的服务器，速度非常快。Resin 本身包含了一个支持 HTML 的 Web 服务器，这使它不仅可以显示动态内容，而且显示静态内容的能力也毫不逊色，因此许多网站都是使用 Resin 服务器构建的。

5. WebLogic 服务器

WebLogic 是 Oracle 公司的产品，功能很强大。它是一个基于 Java EE 架构的中间件，是用于开发、集成、部署和管理大型分布式 Web 应用、网络应用和数据库应用的 Java 应用服务器。它支持企业级的、多层次的和完全分布式的 Web 应用，并且服务器的配置简单、界面友好。对于那些正在寻求能够提供 Java 平台所拥有的一切应用服务的用户来说，WebLogic 是一个十分理想的商业选择。

任务实施

步骤 1：下载 Tomcat。

登录 Tomcat 官方网站 http://tomcat.apache.org/download-90.cgi 下载 Tomcat 9 的安装程序 apache-tomcat-9.0.8.exe。

步骤 2：安装 Tomcat。

Tomcat 的安装比较简单，安装后目录结构如图 4-1 所示。

名称	修改日期	类型	大小
bin	2020-5-9 8:55	文件夹	
conf	2020-5-21 8:34	文件夹	
lib	2018-3-5 9:19	文件夹	
logs	2018-11-6 9:30	文件夹	
temp	2018-7-22 11:02	文件夹	
webapps	2020-11-27 14:26	文件夹	
work	2018-11-6 9:30	文件夹	
LICENSE	2017-6-21 10:47	文件	57 KB
NOTICE	2017-6-21 10:47	文件	2 KB
RELEASE-NOTES	2017-6-21 10:47	文件	7 KB
RUNNING.txt	2017-6-21 10:47	文本文档	17 KB

图 4-1　Tomcat 目录结构

步骤 3：目录结构说明。

1）bin 目录：主要用来存放 Tomcat 命令，主要有两大类，一类是以 .sh 结尾的（Linux 命令）；另一类是以 .bat 结尾的（Windows 命令）。很多环境变量都在此处设置，可以设置 JDK 路径、Tomcat 路径等。

2）conf 目录：主要存放 Tomcat 的一些配置文件。

① server. xml 文件用于设置端口号（默认 8080）、域名或 IP、默认加载的项目、请求编码。

② web. xml 文件用于设置 Tomcat 支持的文件类型。

③ context. xml 文件用于配置数据源。

④ tomcat-users. xml 文件用来配置管理 Tomcat 的用户与权限。

3）lib 目录：用来存放 Tomcat 运行需要加载的 jar 包。

4）logs 目录：存放 Tomcat 在运行过程中产生的日志文件。在 Windows 环境中，控制台的输出日志在 catalina. xxxx-xx-xx. log 文件中。在 Linux 环境中，控制台的输出日志在 catalina. out 文件中。

5）temp 目录：存放 Tomcat 在运行过程中产生的临时文件。

6）webapps 目录：存放 Web 应用程序，当 Tomcat 启动时会加载 webapps 目录下的应用程序，可以以文件夹、war 包或 jar 包的形式发布。

7）work 目录：用来存放 Tomcat 在运行时的编译后文件，如 JSP 编译后的文件。清空 work 目录，重启 Tomcat，可以达到清除缓存的作用。

知识小结【对应证书技能】

Tomcat 服务器是一个免费的开放源代码的 Web 应用服务器，属于轻量级应用服务器，在中小型系统和并发访问用户不是很多的场合下被普遍使用，是开发和调试 Java Web 程序的首选。

通过本任务需要理解 Tomcat 的目录结构，理解目录文件的作用，掌握 Tomcat 服务器的安装的方法。

本任务知识技能点与等级证书技能的对应关系见表 4-1。

表 4-1　任务 4.1 知识技能点与等级证书技能对应

任务 4.1 知识技能点		对应证书技能			
知识点	技能点	工作领域	工作任务	职业技能要求	等级
1. Tomcat 下载与安装	1. 从官网下载 Tomcat 进行安装	1. 开发和运行环境搭建	1.3 应用服务器安装	1.3.2 能够根据指导手册，在 Windows 和 Linux 上安装 Tomcat，修改端口； 1.3.3 能够根据指导手册，在 Windows 和 Linux 上安装配置 Tomcat 访问	初级

任务 4.2　完成 Web 网站原型设计

任务描述

　　产品原型是整个产品面市之前的一个框架设计。需求说明书完成后，在项目计划开发的初期就要进行产品原型设计。可以说原型是软件设计人员根据自己对客户的需求而快速构建出来的产品的功能界面（包含交互），在此基础上由客户进行确认及反馈，设计人员修改完再由客户进行确认及反馈，不断迭代，最终达到确认客户需求的目的。

　　在原型确认后，程序开发人员以及软件测试人员也能根据原型迅速并且准确地进行程序代码开发及项目系统测试。

知识准备

　　通过原型设计，客户能看到未来交互的软件功能和效果，获得较真实的感受，在不断讨论的基础上完善设计。

　　编码的成本是很高的，系统重构的代价更大，因此要尽可能地在代码编写前就确定好要编写哪些功能，这就需要在编码前与客户进行沟通，而原型可以让客户更快、更准确地确定其真实需求（包含要实现的功能逻辑），并且在原型中修改一些重要的交互行为或布局等所花费的也只是少量沟通时间，并且通常一两个人就能对原型进行构建和维护，不会影响其他进度。

　　总体来说，使用原型不是为了交付，更不是应付客户，而是为了更准确地确定客户的需求，减少不确定因素的出现。

　　常见的原型设计工具有墨刀和 Axure RP 等。

任务实施

　　步骤 1：设计"员工登录"页面原型，如图 4-2 所示。

微课 4-1
Web 网站原型设计

　　步骤 2：完成"个人中心"页面原型设计。

　　"个人中心"页面共有三个功能模块页面："最新通知""我的预定"和"我的会议"。

　　"最新通知"模块显示未来 7 天内的会议信息，以及取消的会议信息，单击"查看详情"按钮进入"会议预定信息"页面，"会议预定信息"页面可查看会议详细信息，如图 4-3 和图 4-4 所示。

图 4-2　员工登录页面原型

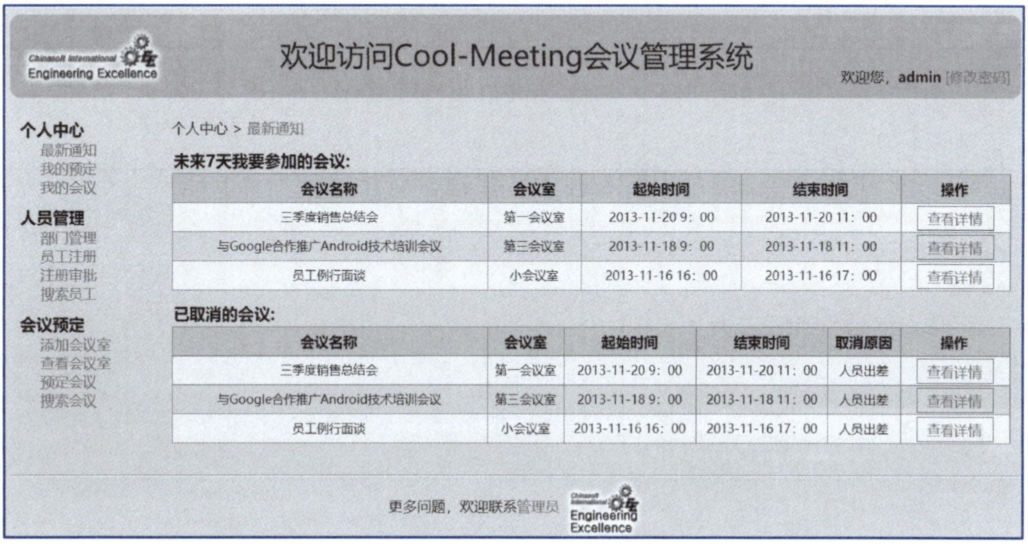

图 4-3　"最新通知"页面原型

"我的预定"页面模块显示我预定的所有会议信息，单击"查看/撤销"按钮可以进入"会议预定信息"页面，"会议预定信息"页面可对会议进行查看或撤销操作，如图 4-5 和图 4-4 所示。

图 4-4 "会议预定信息"页面原型

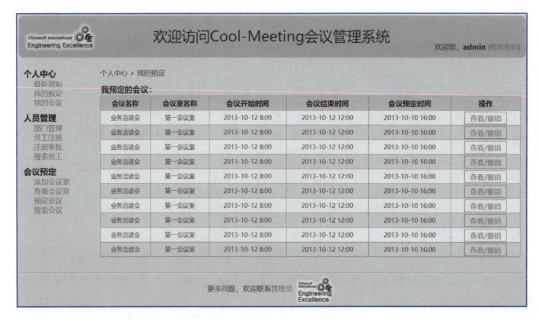

图 4-5 "我的预定"页面原型

"我的会议"页面模块显示我将参加的所有会议信息，如图 4-6 所示。单击"查看详情"按钮进入"会议预定信息"页面，"会议预定信息"页面与之前"最新通知"页面模块中的"会议预定信息"页面保持一致，如图 4-4 所示。

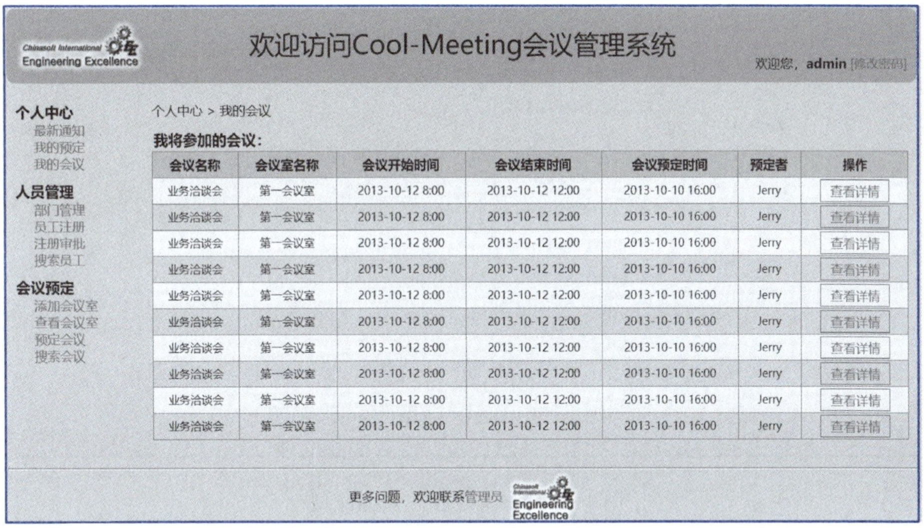

图 4-6 "我的会议"页面原型

步骤 3：完成"人员管理"页面原型设计。

"人员管理"页面模块共有 4 个显示页面："部门管理""员工注册""注册审批"和"搜索员工"，其中"部门管理""注册审批"及"搜索员工"页面必须具有管理员权限的用户才能访问，普通员工只能进行员工注册。

"部门管理"页面模块负责对部门进行添加、修改、删除等操作，如图 4-7 所示。

图 4-7 部门管理页面原型

"员工注册"页面原型负责员工的注册功能，如图 4-8 所示。

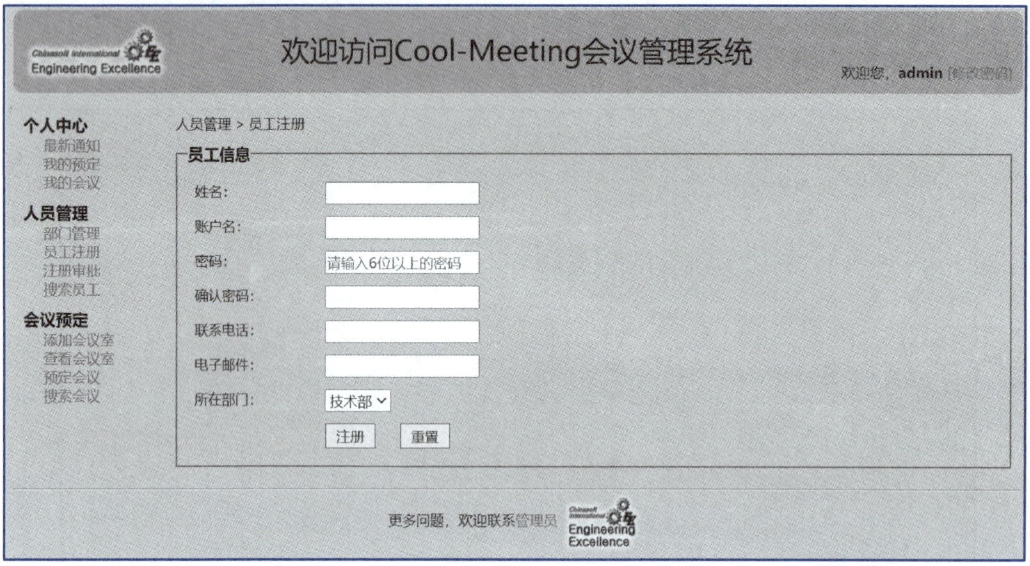

图 4-8　"员工注册"页面原型

"注册审批"页面模块负责对员工注册信息的审批操作，如图 4-9 所示。

图 4-9　"注册审批"页面原型

"搜索员工"页面模块负责对注册员工信息的搜索查看，如图 4-10 所示。

步骤 4：完成"会议预定"页面原型设计。

会议预定共有"添加会议室""查看会议室""预定会议"和"搜索会议"4 个页面。

"添加会议室"页面模块负责添加会议室，如图 4-11 所示。

图 4-10 "搜索员工"页面原型

图 4-11 "添加会议室"页面原型

"查看会议室"页面模块负责查看已添加的会议室，单击"查看详情"按钮可进入"修改会议室信息"页面，"修改会议室信息"页面可对会议室信息进行修改，如图 4-12 和图 4-13 所示。

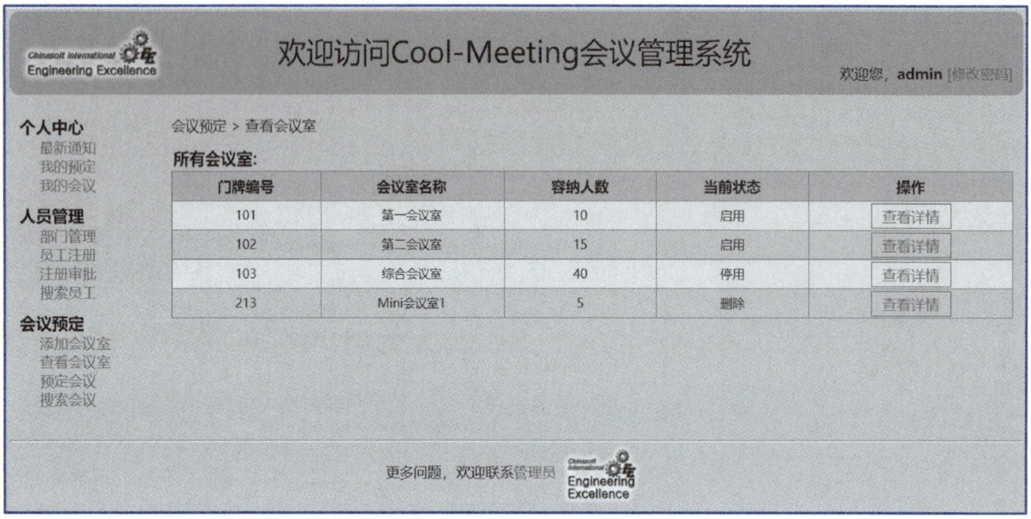

图 4-12　"查看会议室"页面原型

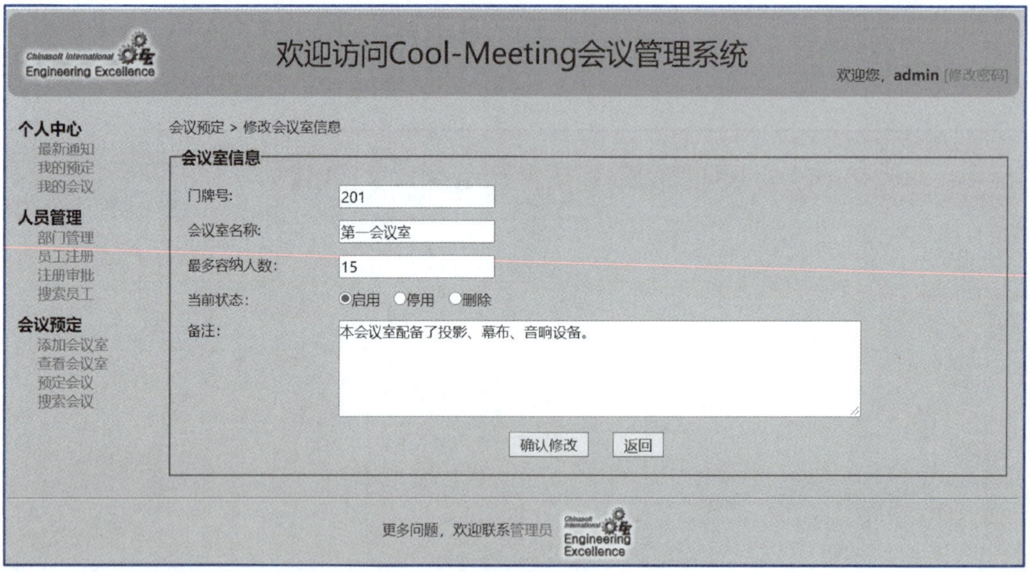

图 4-13　"修改会议室信息"页面原型

"预定会议"页面模块负责查看会议预定，进行必要信息填写后可预定会议，如图 4-14 所示。

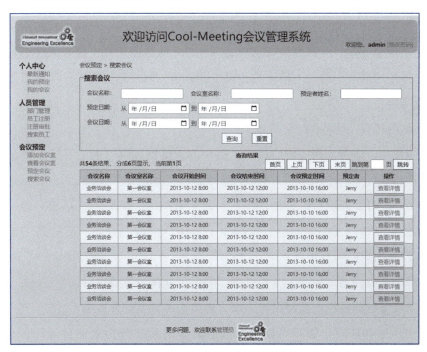

图 4-14 "预定会议"页面原型

"搜索会议"页面模块负责搜索查看会议信息，如图 4-15 所示，单击"查看详情"
按钮可查看会议详细信息，如图 4-4 所示。

图 4-15 "搜索会议"页面原型

知识小结【对应证书技能】

原型即把系统主要功能和接口通过快速开发制作为"软件样板"，以可视化的形式展现给用户，及时征求用户意见，从而明确无误地确定用户需求。同时，原型也可用于征求开发人员意见，作为分析和设计的接口之一，方便沟通。

通过本任务需要理解和掌握原型设计常用的工具、手段和方法，理解原型开发的基本要素和要求。

本任务知识技能点与等级证书技能的对应关系见表 4-2。

表 4-2　任务 4.2 知识技能点与等级证书技能对应

任务 4.2 知识技能点		对应证书技能			
知识点	技能点	工作领域	工作任务	职业技能要求	等级
1. 原型设计	1. 使用常见的原型开发工具进行原型开发	3. 应用程序测试与部署	3.3 文档撰写	3.3.2 能够对小型项目进行任务分解并制订开发计划	初级

知识拓展

软件原型（Software Prototype）是软件的最初版本，以最少的费用、最短的时间开发出的、以反映最后软件的主要特征的系统。软件原型是系统的一个模拟执行，和实际的软件相比，通常功能有限、可靠性较低及性能不充分。通常使用几条捷径来建设原型，这些捷径可能包括使用低效率的、不精确的和虚拟的方法，软件原型通常是实际系统的一个比较粗糙的版本。

使用原型的特点及优势如下：

1）必须快速、廉价，用最低的成本、最快的速度展现项目的最终运行效果是使用原型最基本的原则。

2）它是一个可实际运行的系统，开发人员和用户在"原型"上达成一致。这样可以减少设计中的错误和开发中的风险，也减少了对用户培训的时间，而提高了系统的实用性、正确性以及用户的满意程度。

3）缩短了开发周期，加快了工程进度，降低了软件开发成本。

4）从需求分析到最终产品都可作原型，即可为不同目标作原型。

5）在演示原型期间，客户可以根据其所期望的系统行为来评价原型的实际行为。如果原型不能满意地运行，客户能立刻找出问题和需要修改的地方，并与开发者重新定义需求。该过程一直持续到客户认为该原型能成功地体现想象中的系统的主要功能为止。

6）它是迭代过程的集成部分，即每次经客户评价后修改、运行，不断重复直至双方认可。

任务 4.3 设计系统页面

任务描述

会议管理系统由登录页面、注册页面和会议室预定、查看等页面构成。本任务将使用 HTML（Hyper Text Markup Language，超文本标记语言）设计系统的静态页面，使用 CSS（Cascading Style Sheets，层叠样式表）技术美化页面，使用 JavaScript 脚本编程语言实现页面上简单的用户交互。

知识准备

1. HTML

静态网页文件通常以 html 为文件扩展名，也会以 htm、shtml 或 xml（可扩展标记语言）等为文件扩展名。HTML 不复杂，但功能强大，支持不同数据格式的文件嵌入，如 GIF 格式的动画、mp4、滚动字幕等。总的来说，HTML 具有简易、可扩展、平台无关和通用性强的主要特点。

一般来说，通过 HTTP（Hyper Text Transfer Protocal，超文本传输协议）访问静态网页，由浏览器来解析静态页面的标签。HTML 的主要标签及其涵义见思维导图 4-16。

2. CSS

CSS 是一种用来表现 HTML 或 XML 等文件样式的计算机语言，文件以 css 为扩展名。CSS 不仅可以静态地修饰网页，还可以配合各种脚本语言动态地对网页各元素进行格式化。

CSS 的多个样式可以层层叠加，如果不同的 CSS 样式对同一 HTML 标签进行修饰，样式有冲突的，使用优先级高的，不冲突的样式则共同作用。总的来说，CSS 具有样式丰富、易于使用和修改、多页面应用以及层叠等特点。

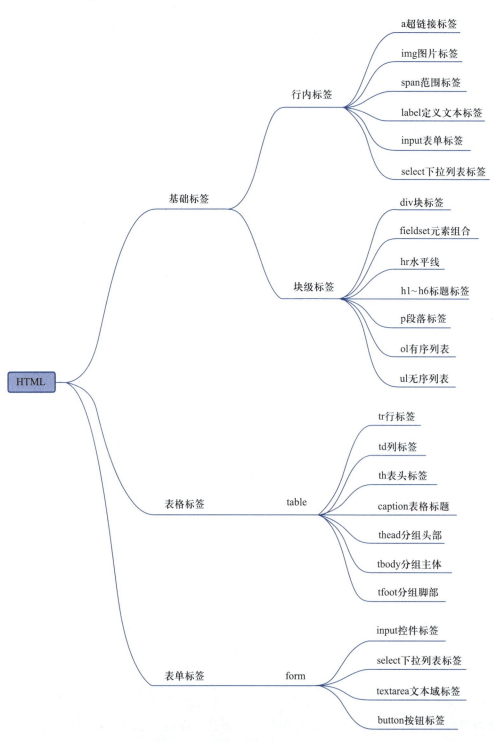

图 4-16　HTML 的主要标签及其含义

CSS 文件规则由两个主要的部分构成：选择器以及一条或多条声明。

基础语法：选择器 | 属性:值;属性:值… | 。

CSS 属性用于修改背景、字体、文本及列表等。

CSS 选择器指需要改变样式的 HTML 元素，包括元素选择器、属性选择器、派生选择器、id 选择器、类别选择器以及伪类选择器。

3. JavaScript

JavaScript 是面向 Web 的网页交互编程语言，获得了所有网页浏览器的支持，是目前使用最广泛的脚本编程语言之一，也是网页设计和 Web 应用必须掌握的基本工具。一个完整的 JavaScript 实现由以下 3 个不同部分组成。

① 核心（ECMAScript）：语言核心部分。

② 文档对象模型（Document Object Model，DOM）：网页文档操作标准。

③ 浏览器对象模型（BOM）：客户端和浏览器窗口操作基础。

任务实施

步骤 1：设计页面总体布局结构。

微课 4-2
系统页面设计

用户从登录页面进入系统后，管理员将进入管理员欢迎页面 adminindex.html，员工进入员工欢迎页面 employeeindex.html。这两个页面的布局结构是一致的，如图 4-17 所示，由顶部 top，侧边栏 sidebar、内容 content、底部 footer 四个区域组成。

下文将以管理员欢迎页面 adminindex.html 为例，使用 HTML 的框架集<frameset>、框架<frame>标签实现上面 4 个区域的划分。

1）框架集<frameset>的作用是把网页在一个浏览器窗口下分割成几个不同的区域，实现在一个浏览器窗口中显示多个 HTML 页面，可使用列 cols 或行 rows 属性进行划分。框架集在文档中仅定义了框架的结构、数量、尺寸及装入框架的页面文件，因此，框架集并不显示在浏览器中，它的属性有 border、scrolling、noresize 等。

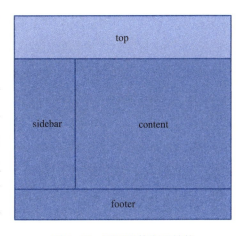

图 4-17　页面总体布局结构

2）框架<frame>是通过路径的方式来添加页面，若一个框架集包含 4 个框架，就意味着要准备 4 个页面分别放入相应的框架中。

实现代码如下：

```
<frameset rows="150,*,93" cols="*" framespacing="0" frameborder="no" border="0">
<%--顶部区域,显示 top. jsp 页面内容--%>
   <frame src="top. jsp" name="topFrame" scrolling="No" noresize="noresize" id="topFrame" marginwidth="0" marginheight="0" frameborder="0" />
   <frameset cols="260,*" id="frame">
<%--左侧边栏区域,显示 employeeleft. jsp 页面内容--%>
<frame src="employeeleft. jsp" name="leftFrame" noresize="noresize" marginwidth="110px" marginheight="0" frameborder="0" scrolling="auto" target="main" />
<%--中间内容区域,显示 01. html 页面内容--%>
      <frame src="01. html" name="main" marginwidth="50px" marginheight="40px" frameborder="0" scrolling="auto" target="_self" />
</frameset>
<%-- 底部区域,显示 02. html 页面内容--%>
   <frame src="02. html" name="bottomFrame" scrolling="No" noresize="noresize" id="bottomFrame" marginwidth="0" marginheight="0"/>
</frameset>
```

步骤 2：实现顶部区域页面 top. html。

在静态网页中，经常使用<div>标签作为组合其他 HTML 元素的容器。它是块级元素，可以用来划分 HTML 结构，配合 CSS 来整体控制某一块的样式。如果用 id 或 class 来标记 div 标签，则 div 标签的作用会更加有效。

下面的代码中，顶部区域页面 top. html 就使用了<div>标签实现文档的分区。将一个大的 div 块 "page-header" 划分成了 4 个小的 div 块，分别是 "header-banner" "header-title" 以及 2 个 "header-quicklink"。其中，"header-banner" 使用<img>标签放置了一张图片，图片是 images 目录下的 header. png。此外，还使用了如下标签。

1) <strong>：声明字体加粗。

2) <font color='red'>：声明字体的颜色是红色。

3) <a href="">：声明超链接地址。

实现代码如下：

```
<div class="page-header">
    <div class="header-banner">
```

```
                <img src="images/header. png" alt="CoolMeeting"/>
        </div>
            <div class="header-title">
                欢迎访问 Cool-Meeting 会议管理系统
            </div>
        <div class="header-quicklink">
            欢迎您,<strong> $ {sessionScope. employeename}</strong>
            <a href="#">[修改密码]</a>
        </div>
        <div class="header-quicklink">
            目前网站访问次数:<font color='red'> $ {applicationScope. visitcount}</font>
        </div>
    </div>
```

顶部区域初始效果如图 4-18 所示。

步骤 3：实现左侧区域 admineleft. html 页面。

左侧区域 adminleft. html 页面设计了一个菜单栏，使用层级的 div 块将菜单划分成 3 个主菜单项"个人中心""人员管理""会议预定"，如图 4-19 所示，其中使用了如下 HTML 标签：

图 4-18　顶部区域初始效果

1）<ul>：定义无序列表。

2）<li>：定义列表项组合布局，无序列表的每一项前缀都显示为图形符号。它有一个属性 type，定义图形符号的样式，属性值为 disc（点）、square（方块）、circle（圆）、none（无）等，默认为 circle。

实现代码如下：

```
<div class="page-sidebar">
<div class="sidebar-menugroup">
<div class="sidebar-grouptitle">个人中心</div>
    <ul class="sidebar-menu">
        <li class="sidebar-menuitem"><a href="MyNotificationServlet" target="main">
最新通知</a></li>
        <li class="sidebar-menuitem active"><a href="ViewMyBookingServlet" target=
"main">我的预定</a></li>
```

```
        <li class = " sidebar – menuitem" >< a  href = " ViewMyMeetingsServlet"  target =
"main" >我的会议</a></li>
    </ul>
 </div>
 …
```

左侧区域（sidebar）adminleft. html 页面初始效果如图 4-19 所示。

步骤 4：实现内容区域（content）页面。

内容区域（content）的页面有很多，包括会议室管理、会议室预定及我的通知等。下面以会议预定的添加会议室页面为例，讲解其中使用到的 HTML 标签及其含义。

1）<form>标签又称为表单。表单里可以放很多元素，如文本框、文本域、单选框、复选框、下拉列表按钮等，具体的使用方法参看后面的知识小结"表单属性"。用户在表单输入数据，填写完毕后提交，表单将数据传送到服务器端。表单最重要的属性有 action 和 method，action 属性定义了表单提交的地址，

图 4-19   左侧区域 adminleft. html 页面

通常是一个 URL 地址，method 属性定义了表单提交的方式，通常为 post 或 get。

2）<table>标签定义表格，经常与表单组合布局。<caption>标签定义表格标题，<tr>标签定义表格的行，<td>标签定义表格的列，<th>标签定义表格表头。当表格分成顶部、主体、底部时，可以用分组标签<thead>、<tbody>以及<tfoot>3 个标签构建表格。

3）<input>是一个输入标签，通过 type 属性值定义表单控件类型，有文本框 text、单选按钮 radio、复选框 checkbox、提交按钮 submit 以及恢复按钮 reset 等。它的 placeholder 属性定义输入提示符，maxlength 定义最大长度。

4）<textarea>标签是一个定义多行的文本输入控件，文本区中可容纳无限数量的文本，其中的文本的默认字体是等宽字体（通常是 Courier）。

实现代码如下：

```
<form method = " post"  action = " 提交的 URL 地址" >
    <fieldset>
```

```
<legend>会议室信息</legend>
<table class="formtable">
    <tr>
        <td>门牌号:</td>
        <td>
            <input id="roomnumber" name="roomnum" type="text"
            placeholder="例如:201" maxlength="10"/>
        </td>
    </tr>
    <tr>
        <td>会议室名称:</td>
        <td>
            <input id="roomname"  name="roomname" type="text"
            placeholder="例如:第一会议室" maxlength="20"/>
        </td>
    </tr>
    <tr>
        <td>最多容纳人数:</td>
        <td>
            <input id="roomcapacity" name="capacity" type="text"
            placeholder="填写一个正整数"/>
        </td>
    </tr>
    <tr>
        <td>当前状态:</td>
        <td>
            <input type="radio" id="status" name="status" checked="checked"
            value="0"/><label for="status">可用</label>
            <input type="radio" id="status" name="status" value="1"/>
            <label for="status" >不可用</label>

        </td>
    </tr>
```

```
            <tr>
                <td>备注：</td>
                <td>
                    <textarea id="description" name="description" maxlength="200"
                        rows="5" cols="60" placeholder="200 字以内的文字描述">
                    </textarea>
                </td>
            </tr>
            <tr>
                <td colspan="2" class="command">
                    <input type="submit" value="添加" class="clickbutton"/>
                    <input type="reset" value="重置" class="clickbutton"/>
                </td>
            </tr>
        </table>
    </fieldset>
</form>
```

添加会议室初始效果如图 4-20 所示。由于底部区域 footer. html 页面的实现十分简单，不作讲解，在下面一起显示效果。

底部区域 footer. html 页面实现代码如下：

```
<div class="page-footer">
    <hr/>
    更多问题，欢迎联系<a href="mailto:webmaster@ eeg. com">管理员</a>
    <img src="images/footer. png" alt="CoolMeeting"/>
</div>
```

步骤 5：引入 CSS。

HTML 网页有 4 种方式使用 CSS 样式修饰页面初始效果。

方式 1：引入外部样式。通过<link>元素引入外部样式文件，以 css 为文件扩展名。这种方式的优点是内容与样式分离，一份样式可以用于多个 HTML 文档，重用性较好。其基本格式如下：

```
<link type="text/css" rel="stylesheet" href="css 样式文件的 URL"/>
```

方式 2：导入外部样式。通过<style>元素使用@ import 导入，效果与引入外部样式相

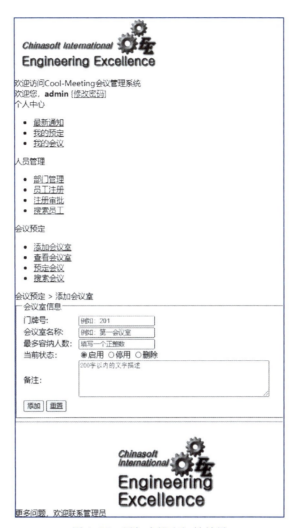

图 4-20 添加会议室初始效果

同。其基本格式如下：

```
<style>
    @ import（"css 样式文件的 URL"）
</style>
```

方式 3：定义内部样式。直接将 CSS 样式写在<style>元素中作为元素的内容，这种写法重用性差，有时还会导致 HTML 文档过大。其基本格式如下：

```
<head>
    <style type="text/css">
        div{
            background:#fff;
```

```
      }
   </style>
</head>
```

方式 4：使用内联样式定义。将 CSS 样式直接写在元素的通用属性 style 中。这种方法只对单个元素有效，不会影响整个文件，可以精准地控制 HTML 文档的显示效果，但修改时较为麻烦。其基本格式如下：

```
<div style = "background-color:#fff;width:960px;"></div>
```

在本系统中，顶部区域页面 top. html、左侧区域页面 adminleft. html 等均采用引入外部 CSS 样式方式。下面以顶部区域页面 top. html 为例，修改了 head 标签加入样式表。

```
<head>
<meta http-equiv = "Content-Type" content = "text/html;charset = utf-8" />
<title>无标题文档</title>
<link rel = "stylesheet" href = "styles/common. css"/>
</head>
```

步骤 6：设计顶部区域和左侧区域网页的 CSS。

在 CSS 中，所有 HTML 元素都可以被看作盒子，"Box Model" 这一术语是用来设计和布局时使用的。CSS 盒模型本质上是一个盒子，封装周围的 HTML 元素，它包括边距、边框、填充和实际内容。盒模型允许在其他元素和周围元素边框之间的空间放置元素。

下面的图片说明了盒子模型（Box Model）：使用 CSS 盒模型进行样式美化，该模型包含元素内容（content）、内边距（padding）、边框（border）以及外边距（margin）等元素。模型结构如图 4-21 所示。

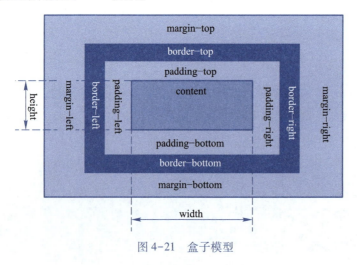

图 4-21　盒子模型

微课 4-3
使用 CSS 样式
修饰页面

控制内边距（padding）的属性值按照上→右→下→左的顺序定义，长度不允许为负数，CSS 内边距属性见表 4-3。

表 4-3　控制内边距（**padding**）的属性值

属　　性	含　　义	属　性　值
padding-top	定义元素的上内边距	长度/百分比
padding-right	定义元素的右内边距	长度/百分比
padding-bottom	定义元素的下内边距	长度/百分比
padding-left	定义元素的左内边距	长度/百分比
padding	所有内边距属性用一个声明	auto/长度/百分比

控制边框（border）的属性值按照上→右→下→左的顺序定义，长度不允许为负数，CSS 边框属性见表 4-4。

表 4-4　控制边框（**border**）的属性值

属　　性	含　　义	属　性　值
border-top	定义元素的上边框	长度/百分比
border-right	定义元素的右边框	长度/百分比
border-bottom	定义元素的下边框	长度/百分比
border-left	定义元素的左边框	长度/百分比
border	所有边框属性用一个声明	auto/长度/百分比

控制外边距（margin）的属性值按照上→右→下→左的顺序定义，长度不允许为负数，CSS 外边距属性见表 4-5：

表 4-5　控制外边距（**margin**）的属性值

属　　性	含　　义	属　性　值
margin-top	定义元素的上外边距	长度/百分比
margin-right	定义元素的右外边距	长度/百分比
margin-bottom	定义元素的下外边距	长度/百分比
margin-left	定义元素的左外边距	长度/百分比
margin	所有外边距属性用一个声明	auto/长度/百分比

该系统所使用的所有 CSS 文件都位于 styles 目录下。顶部区域页面 top.html 的 CSS 实现文件 common.css 中对盒子的属性定义如下，里面有一些其他属性的含义可以参看后面的知识小结：

```
. page-header{
    /*相对位置*/
    position:relative;
    /*高度 60 像素*/
    height:60px;
    /*灰色背景色*/
    background-color:#b0b0b0;
    /*边框半径 10 个像素*/
    border-radius:10px;
    /*底部外边距留空 10 个像素*/
    margin-bottom:10px;
    /*所有内边距使用 10 个像素*/
    padding:10px;
}
```

在 common. css 文件中还定义了顶部区域页面 top. html 页面某些元素的布局方式。HTML 总共有以下 3 种布局方式。

1）普通文档流：文档中的元素按照默认的显示规则排版布局，即从上到下，从左到右；块级元素独占一行，行内元素则按照顺序被水平渲染，直到在当前行遇到了边界，然后换到下一行的起点继续渲染；元素内容之间不能重叠显示。

2）浮动：设定元素向某一个方向倾斜浮动的方式排列元素。从上到下，按照指定方向见缝插针；元素不能重叠显示。

3）定位：直接定位元素在文档或者父元素中的位置，表现为漂浮在指定元素上方，脱离文档流；表示元素可以重叠在一块区域内，按照显示的级别以覆盖的方式显示。

浮动模式可以使元素脱离文档流，CSS 浮动属性见表 4-6 所示。

表 4-6　CSS 浮动属性

属性	含　义	属　性　值
float	设置框是否需要浮动及浮动方向	left/right/none
clear	设置元素是哪一侧不允许出现其他浮动元素	left/right/both/none
clip	裁剪绝对定位元素	rect( )/auto
overflow	设置内容溢出元素框时的处理方式	visible/hidden/scroll/auto
display	设置元素如何显示	none/block/inline/inline-block
visibility	定义元素是否可见	visible/hidden/collapse

common. css 文件的 . page-header . header-banner 定义了顶部区域页面 top. html 左边的 log 图片的样式左浮动的流式布局。下面是它的部分 CSS 代码块：

```
. page-header . header-banner{
    /*左浮动流式布局*/
    float:left;
    /*宽度 20*/
    width:20%;
    /*垂直对齐:居中*/
    vertical-align:middle;
    /*高度*/
    height:100%;
}
```

头部区域（header）添加 CSS 样式后的效果如图 4-22 所示。

图 4-22　头部区域添加 CSS 样式后的效果

左侧区域 adminleft. html 页面使用 common02. css 文件定义样式，部分代码如下：

```
. page-body{
    /*页面主体设置像素为 10*/
    padding:10px;
}
. page-sidebar{
    /*页面边距设置宽度像素为 150,文本对齐方式为左对齐*/
    text-align:left;
    width:150px;
}

. page-content{
    /*页面内容宽度 830 像素*/
    width:830px;
}
. sidebar-menu{
```

```
    /*菜单字符间空白 3 像素,无列表形式,左填充 20 个像素*/
    letter-spacing:3px;
    list-style:none;
    padding-left:20px;
}
...
```

左侧区域 adminleft. html 页面添加 CSS 样式后的效果如图 4-23 所示。

图 4-23 左侧区域添加 CSS 样式后的效果

步骤 7：设计内容区域和底部区域网页 CSS。

内容区域 01. html 文件使用的 CSS 文件是 common03. css 的 . page-content 和 . page-content . content-nav 的定义和含义如下：

```
.page-content{
    /*宽度是 850 像素*/
    width:850px;
    /*文本左对齐*/
    text-align: left;
}
.page-content .content-nav{
    /*内边距像素:上 0 像素,右 0 像素,下 10 像素,左 0 像素*/
    padding:0 0 10px 0;
}
...
```

底部区域页面 02. html 使用的 CSS 文件是 common. css，其中对文本属性、文档颜色、对齐方式等进行了定义。部分代码如下：

```
. page-footer{
    clear:both;
    height:60px;
    text-align:center;
    padding-top:20px;
}
img{
    height:100%;
    vertical-align:middle;
}
```

以步骤 4 中添加会议室为内容区域网页，底部区域网页两者都添加上述 CSS 样式后的效果如图 4-24 所示。

图 4-24　内容、底部区域添加 CSS 样式后的效果

步骤 8：实现页面交互。

完成静态页面的设计和美化后，使用 JavaScript 脚本编程语言与用户进行动态交互。JavaScript 语法如下：

1）脚本语言代码段置于<script><script/>标签之间。

2）变量、方法名、运算符都要区分大小写。

3）变量是弱类型，定义变量时只能使用 var 运算符，表示任意类型的变量。

4）每行结尾的分号可以省略，但从代码编写规范考虑，建议不要省略。

5）注释有两种类型：单行注释以双斜杠开头（//），多行注释以单斜杠和星号（/*）开头，以星号和单斜杠（*/）结束。

6）变量的声明原则上要前面加上 var 声明，表示是全局变量，尽量遵循命名规范，增加代码的可读性。

7）方法是一组延迟动作集的定义，可以通过事件触发或者在其他脚本中进行调用，是用来帮助封装、调用代码的工具。方法由方法名、参数、方法体和返回值 4 部分组成。其中，参数可有可无，返回值也可有可无，根据实际需要进行设置。方法语法定义如下：

```
返回类型 function 方法名(参数){      //方法头
    方法体                          //一条或多条语句
}
```

下面以会议管理系统中的预定会议页面 bookmeeting.html 的选择参会人员功能为例，讲解如何使用 JavaScript 实现交互。预定会议页面的原型参看任务 4.2 的图 4-14。

实现选择参会人员功能需要完成如下 3 个交互动作：

1）当用户选择不同的部门时，下面的人员列表随之对应改变。

2）当用户在左边列表框里选好参会人员后，单击右箭头按钮，右边列表框里显示选中的人员名称，左边列表框里的人员名称消失。

3）当用户想删掉右边列表框里的参会人员时，单击左箭头按钮，右边列表框里人员名称消失，显示在左边列表框。

第一个动作发送在下拉列表 selDepartments 发生变化时，所以给它添加了一个 onchange 事件，调用 JavaScript 里的 showEmployees( )方法。第二个动作和第三个动作都发生在单击按钮时，所以均添加了一个 onclick 事件，调用 JavaScript 里的 selectEmployees( )方法和 deSelectEmployees( )方法。具体代码如下：

```
<tr>
    <td>选择参会人员：</td>
    <td>
        <div id = "divfrom">
            <select id = "selDepartments" onchange = "showEmployees( )">
                <option>请选择部门</option>
                <c:forEach var = "dept" items = " $ {requestScope. deptsList} ">
```

```
                <option value = " ${dept.departmentid}">
                    ${dept.departmentname}</option>
            </c:forEach>
        </select> <select id = "selEmployees"  multiple = "multiple">

        </select>
    </div>
    <div id = "divoperator">
        <input type = "button" class = "clickbutton" value = "&gt;"
            onclick = "selectEmployees()" />
        <input type = "button"
          class = "clickbutton" value = "&lt;" onclick = "deSelectEmployees()" />
    </div>
    <div id = "divto">
        <select id = "selSelectedEmployees"  name = "selSelectedEmployees"
            multiple = "multiple"  >
        </select>
    </div></td>
</tr>
```

下面以实现第二个交互动作选择参会人员 selectEmployees() 为例，讲解 JavaScript 语法。左边的列表框 id 是 selEmployees，右边的列表框 id 是 selSelectedEmployees，方法被调用时，循环检测左边列表框 selEmployees 的所有列，如果某列被选中，则调用右边列表框 selSelectedEmployees 的 options.add 方法添加该列，调用左边列表框 selEmployees 的 options.remove 方法删除该列。

```
function selectEmployees() {
    var selEmployees = document.getElementById("selEmployees");
    var selSelectedEmployees = document.getElementById("selSelectedEmployees");
    for(var i = 0;i<selEmployees.options.length;i++) {
        if (selEmployees.options[i].selected) {
            var opt = new Option(selEmployees.options[i].
                    text,selEmployees.options[i].value);
            opt.selected = true;
```

```
                    selSelectedEmployees. options. add( opt) ;
                    selEmployees. options. remove( i) ;
                }
            }
        }
```

知识小结【对应证书技能】

HTML（HyperText Markup Language，超文本标记语言）用来布局网页中的元素。CSS（Cascading Style Sheets，层叠样式表）对元素起装修作用。JavaScript 是一种脚本语言，主要用于前端页面的 DOM 处理，控制 HTML 中的元素。HTML、CSS、JavaScript 共同构建了我们所看到的所有网页展示和交互，是进行 Java Web 应用开发的基础。

通过完成本任务需要熟练掌握 HTML 基本语法和基本构成，重点掌握表格、表单、超链接等常用元素的使用方法。理解 CSS 和元素属性的关系，掌握 CSS 的基本语法，重点理解并掌握选择器的原理和使用方法。理解 JavaScript 中 BOM 和 DOM 模型，理解并掌握 JavaScript 的基本语法，熟练掌握 JavaScript 交互方法，能够进行页面开发。

本任务知识技能点与等级证书技能的对应关系见表 4-7。

表 4-7　任务 4.3 知识技能点与等级证书技能对应

任务 4.3 知识技能点		对应证书技能		
知识点	技能点	工作领域	工作任务	职业技能要求
1. HTML 语法 2. 表格、表单、盒模型 3. CSS 选择器 4. JavaScript 语法、方法	1. 网页结构布局 2. 页面美化 3. 页面交互	2. 应用程序代码编写	2.4 静态网页开发	2.4.1 中的熟练掌握 HTML 常用元素、盒模型与定位；掌握 CSS 语法、选择器；掌握 Java-Script 的基本语法、方法、作用域

知识拓展

1. HTML 表单元素控件

<input>元素最重要的两个属性：一个是 name；另一个是 value。表单提交时对应参数分别从这两个属性获取，形式为 name＝value。<input>元素可以通过 type 属性值定义表单控件见表 4-8。

微课 4-4
HTML 表单元素
控件

表 4-8　<input>元素 type 属性值

type 属性	功能	例　子
text	单行文本框	<input type＝"text" name＝"username" />
password	密码框	<input type＝"password" name＝"password" />
radio	单选按钮	<input type＝"radio" name＝"sex" value＝"男" />男 <input type＝"radio" name＝"sex" value＝"女" />女
checkbox	多选按钮	<input type＝"checkbox" name＝"hobby" value＝"书" />书 <input type＝"checkbox" name＝"hobby" value＝"画" />画
reset	重置按钮	<input type＝"reset" value＝"重置" />
file	选择文件	<input type＝"file" name＝"files" />
submit	提交按钮	<input type＝"submit" value＝"提交" />
image	图形按钮	<input type＝"image" src＝"images/button. gif" />
button	普通按钮	<input type＝"button" value＝"播放音乐" />
hidden	隐藏区域	<input type＝"button" value＝"隐藏" />

　　下拉列表可以用<select>和<option>两个元素实现想要的效果，用<select>定义列表，用<option>定义列表项。这种列表参数需要的属性分别是<select>的 name 属性和<option>的 value 属性。

　　<select>的 size 和 multiple 属性决定了是下拉列表还是滚动列表。size 属性用来设置选择栏的高度；multiple 属性用来决定是多选列表，还是单选列表，它的值只能是 multiple。selected＝"selected"是默认属性。

　　代码示例如下：

```
<select name="deptid">
    <option value="1" selected="selected">技术部</option>
    <option value="2">财务部</option>
    <option value="3">人事部</option>
</select>
```

2. CSS 样式

（1）CSS 权重

CSS 有两个特性，第一个特性是"层叠"，指一个 HTML 文档可能

微课 4-5
CSS 样式介绍

会使用多种 CSS 样式，但是按权重顺序优先生效（内联样式→内部样式→外部样式）。权重值计算如下：

行内样式	1000
id	100
Class｜伪类｜属性	10
标签｜伪元素	1
通配符	0

第二个特性是"继承"，指特定的 CSS 属性可以从父元素向下传递到子元素。文本属性、表格属性样式都可以继承，但盒子、定位、布局的属性都不能继承。

（2）CSS 的基本语法

CSS 由以下两部分组成：

selector{property1:value1;property2:value2;property3:value3;…}

其中，selector 被称为选择器，决定样式定义对哪些元素生效。property:value 被称为样式，每一条样式都决定了目标元素将会发生的变化。例如：

div{color:#ccc;}

（3）CSS 选择器

① 元素选择器。例如：

h1{color:red;}

② 属性选择器。例如：

td[class]{color:red;}

③ id 选择器。例如：

#color{color:red;}

④ 类选择器。例如：

.color{color:red;}

⑤ 伪类选择器。例如：

:hover{color:red;}

（4）CSS 的属性

CSS 允许为任何元素添加背景、图像，并且达到精美的效果。背景属性见表 4-9。

表 4-9　CSS 的背景属性

属　　性	含　　义	属　性　值
background-color	定义背景颜色	颜色名/十六进制数/rgb 方法
background-image	定义背景图片	url（图片 URL）
background-repeat	定义背景是否重复方式	repeat/no-repeat/repeat-X/repeat-Y
background-attachment	定义背景是否固定	fixed
background-position	定义背景位置	参数/百分比/长度
background	背景属性简写	以上 5 个背景值

CSS 列表属性用于改变列表项标记，甚至可用图像作为列表项的标记。CSS 列表属性见表 4-10。

表 4-10　CSS 列表属性

属　　性	含　　义	属　性　值
list-style-image	列表项标记样式为图像	url（图像的 URL）
list-style-position	列表项标记的位置	inside/outside
list-style-type	列表项标记的类型	disc/circle/square 等
list-style	列表属性简写一条样式	以上 3 个属性值

CSS 表格属性用于改变表格的外观，CSS 表格属性见表 4-11。

表 4-11　CSS 表格属性

属　　性	含　　义	属　性　值
border-collapse	设置是否合并表格边框	separate/collapse
border-spacing	设置相邻单元格边框之间的距离	长度
caption-side	设置表格标题的位置	top/bottom
empty-cells	设置空单元格边框与背景是否显示	show/hide
table-layout	设置表格的布局算法	auto/fixed

（5）CSS 盒模型

CSS 边框可以围绕元素内容和内边距的一条或者多条线，线条可自定义样式、宽度、颜色。边框属性见表 4-12 所示。

表 4-12　CSS 边框属性

	属　　性	含　　义	属　性　值
样式	boder-top-style	设置上边框的样式属性	none/hidden/dotted/dashed/solid /double/groove/ridge/inset/outset
	boder-right-style	设置右边框的样式属性	
	boder-bottom-style	设置下边框的样式属性	
	boder-left-style	设置左边框的样式属性	
	boder-style	设置 4 条边框样式属性	
宽度	boder-top-width	设置上边框的宽度属性	thin/medium/thick/长度
	boder-right-width	设置右边框的宽度属性	
	boder-bottom-width	设置下边框的宽度属性	
	boder-left-width	设置左边框的宽度属性	
	boder-width	设置 4 条边框宽度属性	
颜色	boder-top-color	设置上边框的颜色属性	颜色名/十六制数/rgb 方法/transparent
	boder-right-color	设置右边框的颜色属性	
	boder-bottom-color	设置下边框的颜色属性	
	boder-left-color	设置左边框的颜色属性	
	boder-color	设置 4 条边框颜色属性	
复合	boder	用一个声明定义所有边框属性	border-width border-style border-color

边框的大小、颜色与线条都是按照上→右→下→左的顺序定义。

（6）布局属性

CSS 定位主要用于设置目标组件的位置，如是否漂浮在页面之上。CSS 定位常用属性见表 4-13。

表 4-13　CSS 定位常用属性

属性	含　　义	属　性　值
position	元素的定位类型	absolute/relative/static
top	设置定位元素上外边距边界与其包含块上边界之间的偏移	auto/长度/百分比
right	设置定位元素右外边距边界与其包含块右边界之间的偏移	
bottom	设置定位元素下外边距边界与其包含块下边界之间的偏移	
left	设置定位元素左外边距边界与其包含块左边界之间的偏移	
z-index	设置元素的堆叠顺序	auto/number

static：默认值，没有定位，元素将出现在正常的位置。

absolute：生成绝对定位的元素，相对于离自身元素最近的父元素进行定位。脱离文档流。

relative：生成相对定位的元素，相对于原来自身的位置进行定位，但不会脱离文档流。

3. JavaScript

微课 4-6
JavaScript 介绍

（1）JavaScript 基础

JavaScript 中的数据类型分为以下两类。

① 值类型（原始值）：字符串（String）、数字（Number）、布尔（Boolean）、对空（Null）、未定义（undefined）、Symbol（ES6 引入了一种新的原始数据类型，表示独一无二的值）。

② 引用数据类型（引用值）：对象（Object）、数组（Array）、方法（Function）。

（2）分支循环

JavaScript 的分支循环和其他语言完全不同，在 JavaScript 中基本包括 if-else 条件判断语句、switch-case 选择语句、for 循环语句、for-in 遍历语句、while 循环语句和 do-while 循环语句等。

（3）数组

数组对象是使用单独的变量名存储一系列值，可理解为一个容器装了一堆元素。JavaScript 中数据包含的属性和方法见表 4-14。

表 4-14　JavaScript 中数据包含的属性和方法

方　　法	描　　述
concat( )	连接两个或者更多的数据，并返回结果
join( )	把数组的所有元素放入一个字符串，元素通过指定的分隔符进行分隔
pop( )	删除并返回数组的最后一个元素
push( )	向数组的末尾添加一个或者更多元素，并返回新的长度
reverse( )	颠倒数组中元素的顺序
shift( )	删除并返回数组的第一个元素
slice( )	从某个已有的数据返回选定元素
sort( )	对数据的元素进行排序

续表

方 法	描 述
splice( )	删除元素，并向数组添加新元素
toSource( )	返回该对象的源代码
toString( )	将数据转换为字符串，并返回结果
toLocaleString( )	将数据转换为本地数组，并返回结果
unshift( )	向数组的开头添加一个或者更多元素，并返回新的长度
valueOf( )	返回数组对象的原始值

（4）正则表达式

正则表达式是由一个字符序列形成的搜索模式，可以是一个简单的字符，也可以是一个更复杂的模式。正则表达式可用于所有文本搜索、文本替换、文本提取等操作，其一般有两种使用方法，即字符串方法和正则对象方法。

字符串方法见表 4-15。

表 4-15 字符串方法

方 法	描 述
search( )	检索与正则表达式相匹配的值
match( )	找到一个或者多个正则表达式的匹配
replace( )	替换与正则表达式匹配的字符串
split( )	将字符串分割为字符串数组

正则对象（regExp）方法见表 4-16。

表 4-16 正则对象（regExp）方法

方 法	描 述
test( )	该方法用于检测一个字符串是否匹配某个模式，如果字符串中含有匹配的文本，则返回 true，否则返回 false
exec( )	该方法用于检索字符串中的正则表达式的匹配，该方法返回一个数组，其中存放匹配的结果，如果未找到匹配，则返回值为 null

（5）字符串

字符串对象属性见表 4-17。

表 4-17　字符串对象属性

属　　性	描　　述
constructor	对创建该对象的方法的引用
length	字符串的长度
prototype	允许向对象添加属性和方法

获取字符串长度方法很简单，长度＝数组 . Length。语法如下：

```
var mystr = "woaishenhuo,woailaodong";
var arrLength = mystr.length;
```

（6）DOM 对象

当网页被加载时，浏览器会创建页面的文档对象模型（Document Object Model）。DOM 操作主要包括获取节点、获取/设置元素的属性值、创建/增添节点、删除节点、属性操作等。

任务 4.4　实现与测试登录注册模块

任务描述

本任务是实现会议管理系统的登录注册功能模块。该任务需要实现员工进行信息注册并通过用户名和密码进行登录。未注册员工必须要先进行注册才能登录系统，已注册员工可以直接登录系统。在本任务中将主要应用 Servlet 技术来实现模块功能，编写 Servlet 类用于处理网页发送的请求，然后调用其他相关的资源完成整个处理过程。

知识准备

1. Servlet 简介

Servlet 是 Java Servlet 的简称，称为服务器端程序，是运行在 Web 服务器或应用服务器上的 Java 程序，它是作为 Web 浏览器客户端和数据库或应用程序之间的中间层。其主要功能在于交互式地浏览和修改数据，生成动态 Web 内容。

2. Servlet 生命周期

Servlet 生命周期指的是从创建直到毁灭的整个过程。以下是 Servlet 遵循的过程：

① 类加载过程，Servlet 容器创建 Servlet 对象并与 web. xml 中的配置对应起来。

② 初始化过程，调用 Servlet 中的 init( )方法初始化 Servlet 对象。

③ 服务过程，调用 Servlet 中的 service( )，该方法会选择调用 doGet( )或 doPost( )来处理客户端请求。

④ 销毁过程，调用 Servlet 中的 destroy( )方法，释放资源。

Servlet 生命周期过程如图 4-25 所示。

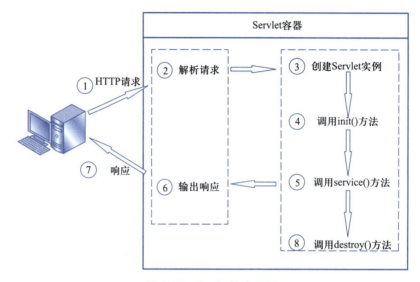

图 4-25　Servlet 生命周期

关于 Servlet 的详细介绍请见知识拓展。

3. JavaBean

JavaBean 是特殊的 Java 类，遵守 JavaBean API 规范。这些类必须是具体的和公有的，并且具有无参数的构造器。JavaBean 提供统一形式的属性访问方式——set 和 get 方法，通过统一的模板提供对象访问接口。对软件开发人员来说，JavaBean 带来的最大的优点是充分提高了代码的可重用性，并且对软件的可维护性和易维护性起到了积极作用。

满足 JavaBean 的类，具有如下特征：

① 其中 JavaBean 为公有类，此类要使用访问权限 public 进行修饰。

② JavaBean 提供一个默认的无参构造方法。

③ JavaBean 属性通常可以使用 private 进行修饰。

④ 使用 setXXX( )的方法以及 getXXX( )的方法设置或获 JavaBean 里的私有属性 XXX 数值。

任务实施

1. 搭建项目开发环境

首先，创建一个 Web 项目并配置 Web 应用开发所需的环境，此处不再赘述。

步骤 1：创建 Java Web 项目。

利用开发工具，创建一个名为"meeting"的 Java Web 项目，不同的开发工具生成的工程结构目录有一定的不同，但都有如图 4-26 所示的部分。

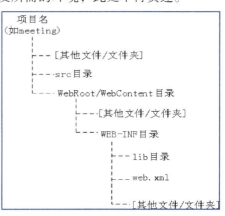

注意：一定要生成 web. xml，如果开发工具没有自动生成，也可以手动创建。

Web 工程项目的结构说明如下。

1）src 目录：Java 源代码及配置文件的存

图 4-26　项目工程结构

放目录。Java 源代码或配置文件会自动编译保存到 WebRoot->WEB-INF--classes 目录下，class 在 Web 项目中是不可见的，发布在 tomcat 下是可见的。

2）WebRoot：Web 项目根目录，所有能在浏览器端访问得到的资源（html、jsp 及图片等）必须放到此目录下，将 WebRoot 下的所有文件复制到 Tomcat 的 webapps->ROOT 目录下面。

3）WebRoot->WEB-INF->web. xml 配置：Web 项目的核心配置文件，如配置 Servlet、过滤器、欢迎页面等。

4）WebRoot->WEB-INF->lib：保存到 Web 项目运行时所需的 . jar 包。

特别注意：WebRoot->WEB-INF 是受保护目录，无法在浏览器端直接访问该目录下的文件。

步骤 2：导入数据库连接驱动和 Servlet 的 jar 包。

将下载好的 mysql-connector-java-8. 0. 23. jar 和 servlet-api. jar 两个 jar 包导入到应用程序中（lib 目录）。

步骤 3：部署并发布 Web 应用。

在 WebRoot 目录下创建 index. html，该静态页面在子任务 1 中仅用于测试 Web 项目是否发布成功。index. html 内容如下：

```
<!DOCTYPE html>
<html>
<head>
<meta charset="UTF-8">
<title>测试</title>
</head>
<body>
    部署发布测试
</body>
</html>
```

项目发布之后，打开浏览器在地址栏输入 http://localhost:8080/meeting/ 访问该 Web 项目，出现如图 4-27 所示内容则表明项目构建成功。

图 4-27　项目发布测试结果

2. 实现登录功能

登录的业务逻辑并不复杂，员工在登录页面填写用户名和密码信息，然后发送请求，后台服务器调用数据库查询方法，如果在数据库中能查询到与登录信息一致的记录，就显示登录成功，否则就是登录失败。实现项目功能时，编程思路是先实现数据库的访问，再实现功能模块的业务逻辑，最后实现对浏览器请求的处理以及数据的显示。

微课 4-7
实现登录功能

步骤 1：创建实体对象。

实体对象是项目的核心，作为数据的载体，它是软件开发中最基本也是最重要的部分。与登录有关的实体是员工实体，因此应创建员工实体类，根据见名知义的代码编写规范，可取名为 Employee 类。实体类要与数据库表一一对应。两者都是对项目所包含对象的描述，实体类是编程实现中对象信息的载体，数据库表是对象数据进行持久化保存的载体。在程序中通过对实体类的操作，来完成对数据库的操作。

根据项目 3 对数据库的分析和设计，可以得到 Employee 类。Employee 类中封装的属性（即表中的字段）共 9 个。表字段与类属性的对应如图 4-28 所示。

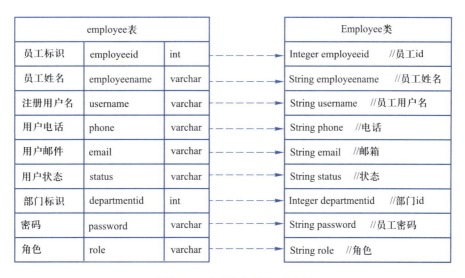

employee表			Employee类	
员工标识	employeeid	int	Integer employeeid	//员工id
员工姓名	employeename	varchar	String employeename	//员工姓名
注册用户名	username	varchar	String username	//员工用户名
用户电话	phone	varchar	String phone	//电话
用户邮件	email	varchar	String email	//邮箱
用户状态	status	varchar	String status	//状态
部门标识	departmentid	int	Integer departmentid	//部门id
密码	password	varchar	String password	//员工密码
角色	role	varchar	String role	//角色

图 4-28　表字段与类属性对应

在项目的 src 目录下创建名为"vo"的包，实体类统一放到该目录中。在 vo 包下创建名为"Employee"的实体类。属性代码具体如下：

```
public class Employee {
    private Integer employeeid;
    private String employeename;
    private String username;
    private String password;
    private Integer departmentid;
    private String email;
    private String phone;
    private String status = "0";
    private String role = "2";
```

其中，属性 status（员工状态）默认值设置为 0，表示"审核中"状态。属性 role（角色）默认值设置为 2，表示为员工角色。员工状态以及角色将在后续功能中使用。

接下来，编写 Employee 类常用的构造方法，包括一个无参构造方法和 3 个带参数的构造方法。具体代码如下所示：

```
public Employee() {
    super();
}
public Employee(String username, String password, String role) {
```

```
        super();
        this.username = username;
        this.password = password;
        this.role = role;
    }
    public Employee(String employeename, String username, String password,
        Integer departmentid, String email, String phone, String status,
                    String role) {
        super();
        this.employeename = employeename;
        this.username = username;
        this.password = password;
        this.departmentid = departmentid;
        this.email = email;
        this.phone = phone;
        this.status = status;
        this.role = role;
    }
    public Employee(Integer employeeid, String employeename, String username,
                    String password, Integer departmentid, String email, String phone, String
    status, String role) {
        super();
        this.employeeid = employeeid;
        this.employeename = employeename;
        this.username = username;
        this.password = password;
        this.departmentid = departmentid;
        this.email = email;
        this.phone = phone;
        this.status = status;
        this.role = role;
    }
```

编写 Employee 类属性实现符合规范的 setter/getter 方法，代码如下：

```java
public Integer getEmployeeid() {
    return employeeid;
}
public void setEmployeeid(Integer employeeid) {
    this.employeeid = employeeid;
}
public String getEmployeename() {
    return employeename;
}
public void setEmployeename(String employeename) {
    this.employeename = employeename;
}
......
```

（详细代码见源码）

步骤 2：实现数据库访问。

在项目 4.3 中，已经实现了对数据库的操作，在本任务中只需按要求稍作修改即可。数据库连接、数据库关闭等代码在任何进行数据库访问的操作中都需要。为了提高代码复用率，减少代码重复，可将数据库连接、关闭等重复出现的代码重构成工具类，以供后续编程使用。

在项目的 src 目录下创建名为"util"的包，该包用于存放可重用的工具类代码。在 util 包下，创建 ConnectionFactory 类，将数据库连接和关闭代码封装到该类中。具体代码如下：

```java
public class ConnectionFactory {
    private static Connection conn = null;
    public static Connection getConnection() {
        try {
            Class.forName("com.mysql.cj.jdbc.Driver");
            conn = DriverManager.getConnection
            ("jdbc:mysql://localhost:3306/meeting? useUnicode
                =true&characterEncoding=utf8", "root", "123456");
        } catch (ClassNotFoundException e) {
                e.printStackTrace();
        } catch (SQLException e) {
```

```
                    e. printStackTrace ( ) ;
            }

                    return conn ;
        }
    public static void closeConnection ( ) {
        if ( conn ! = null ) {
            try {
                conn. close ( ) ;
            } catch ( SQLException e ) {
                e. printStackTrace ( ) ;
            }
        }
    }
}
```

代码中包含 getConnection ( ) 和 closeConnection ( ) 两个方法：getConnection ( ) 方法用于获得操作数据库的连接，以便后续的功能调用；closeConnection ( ) 方法用于关闭数据库连接。

登录功能的核心就是通过用户的登录信息查询数据库，如果数据库中能查询到对应的记录，则登录成功；如果查询不到对应的记录，则不能登录。

在 src 目录下，创建名为"dao"的包，该包用于存放与数据库访问相关的类。在 dao 包下，创建 EmployeeDAO 类，该类表示和员工相关的数据库操作。在 EmployeeDAO 类中，首先获得数据库连接对象。然后创建名为"selectByNamePwd"的公有方法，该方法以用户名和密码作为参数，查询数据库得到员工数据，封装成 Employee 对象并返回。具体代码如下：

```
public class EmployeeDAO {
    private Connection conn = ConnectionFactory. getConnection ( ) ;
    public Employee selectByNamePwd ( String username , String pwd ) {
        Employee employee = null ;
        try {
            PreparedStatement st = null ;
            String sql = " select  *  from employee where username ='"
            +username+"' and   password ='" +pwd+"'" ;
```

```
        st = conn. prepareStatement( sql ) ;

        ResultSet rs  = st. executeQuery( sql ) ;

        if( rs. next( ) = = true ) {

        employee = new Employee( ) ;

        employee. setEmployeeid( rs. getInt( "employeeid" ) ) ;

        employee. setEmployeename( rs. getString( "employeename" ) ) ;

        employee. setUsername( rs. getString( "username" ) ) ;

        employee. setPhone( rs. getString( "phone" ) ) ;

        employee. setEmail( rs. getString( "email" ) ) ;

        employee. setStatus( rs. getString( "status" ) ) ;

        employee. setDepartmentid( rs. getInt( "status" ) ) ;

        employee. setPassword( rs. getString( "password" ) ) ;

        employee. setRole( rs. getString( "role" ) ) ;

        }

    } catch ( SQLException e ) {

        e. printStackTrace( ) ;

    } finally {

        ConnectionFactory. closeConnection( ) ;

    }

        return employee ;

    }
```

步骤 3：数据访问单元测试。

在软件开发中测试是一个非常重要的环节，它是代码质量的保证，也是发现问题的有效手段。在目前的 Java 开发中广泛应用 JUnit 框架进行单元测试。并且在大多数 Java 的开发环境中已经集成 JUnit，可以方便地进行测试。本项目也是使用 JUnit 进行测试，下面对 JUnit 进行介绍。

JUnit 是一个 Java 编程语言的单元测试框架，JUnit 框架具有很多特性：

1）可以书写一系列的测试方法，对项目所有的接口或者方法进行单元测试。

2）启动后可自动化测试并判断执行结果，不需要人为的干预。

3）只需要查看最后结果，就知道整个项目的方法接口是否正常。

4）每个单元测试用例相对独立，由 JUnit 启动，自动调用。不需要添加额外的调用语句。

5）添加、删除、屏蔽某些测试方法不影响其他的测试方法。开源框架都对 JUnit 有相应的支持。

JUnit 的内容包括 JUnit 断言和 JUnit 注解。

（1）JUnit 断言

JUnit 所有的断言都包含在 Assert 类中。这个类提供了很多有用的断言方法来编写测试用例。只有失败的断言才会被记录。Assert 类中的一些常用的方法如下。

① void assertEquals（boolean expected,boolean actual）：检查两个变量或者等式是否相等。

② void assertTrue（boolean expected,boolean actual）：检查条件为真。

③ void assertFalse（boolean condition）：检查条件为假。

④ void assertNotNull（Object object）：检查对象不为空。

⑤ void assertNull（Object object）：检查对象为空。

⑥ void assertSame（boolean condition）：检查两个相关对象是否指向同一个对象。

⑦ void assertNotSame（boolean condition）：检查两个相关对象是否不指向同一个对象。

⑧ void assertArrayEquals（expectedArray,resultArray）：检查两个数组是否相等。

（2）JUnit 注解

① @Test：这个注释说明依附在 JUnit 的 public void 方法可以作为一个测试案例。

② @Before：有些测试在运行前需要创造几个相似的对象。在 public void 方法前加该注释是因为该方法需要在 test 方法前运行。

③ @After：如果你将外部资源在 Before 方法中分配，那么你需要在测试运行后释放他们。在 public void 方法前加该注释是因为该方法需要在 test 方法后运行。

④ @BeforeClass：在 public void 方法前加该注释是因为该方法需要在类中所有方法前运行。

⑤ @AfterClass：它将会使方法在所有测试结束后执行。它可以用来进行清理活动。

⑥ @Ignore：这个注释是用来忽略有关不需要执行的测试的。

下面利用 JUnit 完成登录功能中数据库访问的测试。其过程如下：

① 在项目中导入与 JUnit 相关的两个 jar 包 hamcrest-core-1.1.jar 和 junit-4.12.jar，jar 包名中的数字表示版本，也可以使用其他版本。

② 在 src 目录下，新建一个 test 目录用于保存测试代码。

③ 在 test 包中创建一个 EmployeeTest 类，该类用于测试所有与员工相关的代码。下面对数据库访问进行测试，在 EmployeeTest 类中，新建一个公开的返回值类型为空的方法（JUnit 框架要求测试方法必须是 public void）。

④ 在测试方法中创建 dao 对象，调用数据库查询方法，根据查询情况返回结果。测试方法写完之后，在方法名上添加@ Test 注解，因为只有加上注解才能进行测试。具体代码如下：

```
@ Test
public void employeeDaoLoginTest( ) {
    EmployeeDAO dao = new EmployeeDAO( ) ;
    Employee e = dao. selectByNamePwd("爱因斯图" , "2" ) ;
    if( e! = null) {
        System. out. println( e ) ;
    } else {
        System. out. println( "登录失败" ) ;
    }
}
```

在代码中，任意给定一个数据要么登录失败，要么输出返回的结果。在测试中如果不出现报错，且控制台显示代码中的其中一种结果，则表明代码的功能是正常的。

⑤ 执行测试代码。将光标移动到测试方法范围内，右键选择 "Run As"，再选择 "JUnit Test" 就能进行测试。测试结果如图 4-29 所示。

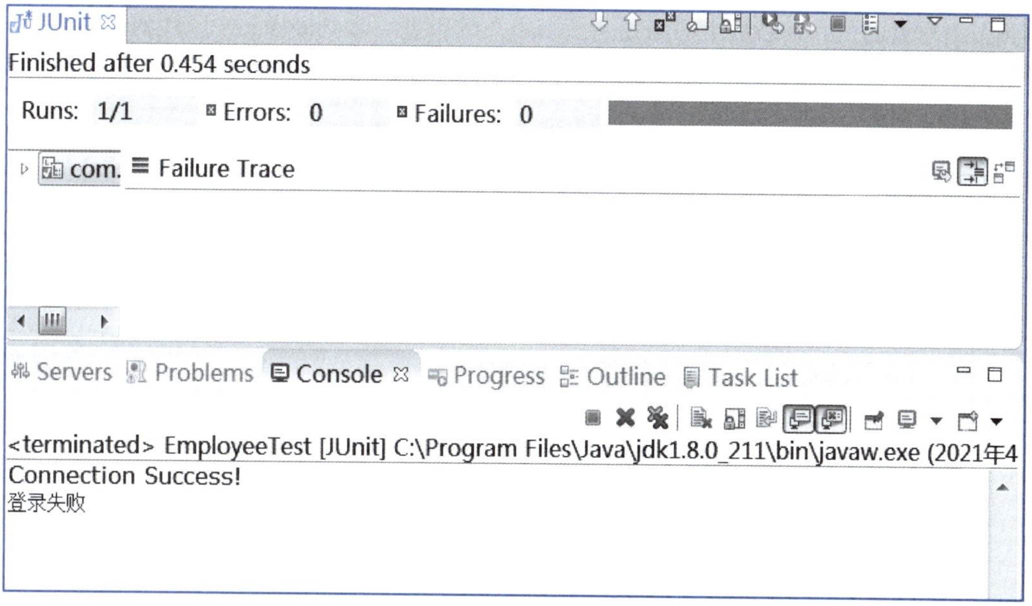

图 4-29　测试结果

如果想得到成功的结果也可以输入数据库表中存在的数据。

步骤 4：实现登录的业务逻辑。

微课 4-8
实现 Web 登录

登录的业务逻辑是调用数据访问的相关方法得到返回的员工对象，然后对员工的状态进行判断，将表示不同含义的结果返回给 Servlet，供它进行判断或显示。

对于本项目的登录功能而言，在得到员工对象之后，需要判断员工对象 employee 是否为 null，同时需要对 status 属性进行判断，通过不同的 status 值得到不同的返回值。在 src 目录下，创建 service 包，该包保存项目的业务逻辑类。在 service 包中，创建 EmployeeService 类，该类封装所有与员工相关的业务逻辑方法。在该类中首先创建用于数据库访问的 dao 对象，代码如下：

```
private EmployeeDAO dao = new EmployeeDAO();
```

然后创建名为 login 的公有方法，返回值为 int，以用户名和密码为参数，该方法用于实现登录的业务逻辑。如果用户名和密码不正确，则登录失败；如果用户名和密码正确，则再看 status 的值，当且仅当 status 是 1 时才登录成功。返回值 flag 表示员工登录的状态。flag 为 1 时，表示登录成功；flag 为 0 时，表示注册了但是正在审核中；flag 为 2 时，表示注册了但审核没通过；flag 为 3 时，表示用户名密码不正确。

在 login 方法中，设置 flag 默认值为 3，然后通过 dao 对象调用 selectByNamePwd 方法，得到员工对象的值，判断员工对象是否为 null，然后进一步判断 status 属性的值并设置不同的 flag 值，代码如下：

```
public int login(String username, String pwd) {
    int flag = 3;
    Employee e = dao.selectByNamePwd(username, pwd);
    if(e != null) {
        String status = e.getStatus();
        if(status != null && status.equals("1")) {
            flag = 1;
        }
        if(status != null && status.equals("0")) {
            flag = 0;
        }
        if(status != null && status.equals("2")) {
```

```
            flag = 2;
        }
    }
    return flag;
}
```

步骤 5：创建 Servlet 类，处理请求。

Servlet 是 Java Web 中用于处理请求的核心技术，Servlet 用于获取请求数据、操作数据库，同时得到数据库访问的数据响应给浏览器。在实际的工程项目应用中，要得到一个 Servlet，通常用该 Servlet 类继承 javax. servlet. http. HttpServlet，然后重写 doGet( ) 或 doPost( ) 方法，完成处理请求的逻辑。HttpServlet 在实现 Servlet 接口时，重写了 service 方法，该方法体内的代码会自动判断用户的请求方式，如为 GET 请求，则调用 HttpServlet 的 doGet 方法，如为 POST 请求，则调用 doPost 方法。因此，开发人员在编写 Servlet 时，通常只需要重写 doGet 或 doPost 方法，而不要去重写 service 方法。

doGet( ) 和 doPost( ) 方法都以 HttpServletRequest 和 HttpServletResponse 对象作为参数，用于获取请求或返回响应。在实际开发中，一般一个 Servlet 就对应一种请求，通常只重写 doGet( ) 或 doPost( ) 中的一个，让没重写的方法调用重写的方法，代码如下：

```
public void doGet(HttpServletRequest request, HttpServletResponse response)
        throws ServletException, IOException {
    doPost(request,response);
}
public void doPost(HttpServletRequest request, HttpServletResponse response)
        throws ServletException, IOException {
    …
}
```

这样做可以让开发人员专注于请求的处理，而不用关心请求的类型。

对于本项目的登录功能的处理逻辑是先通过 HttpServletRequest 请求对象得到用户名和密码，再调用 EmployeeService 对象的 login 方法进行数据库访问，最后通过 service 对象返回的 flag 值，再跳转到不同的页面视图。只有 flag 的值为 1 时，才表示登录成功，跳转到系统首页即 index. html；flag 为其他值时都表示登录不成功，跳转到登录页即 login. html，继续进行登录或注册。

在 src 目录下，新建一个 servlet 包，该包存放所有的 Servlet 类。在 servlet 包中新建名为 LoginServlet 的 Servlet 类，该类用于登录请求的处理。然后再重写 doPost( )方法，实现登录的处理逻辑。其代码如下：

```
public class LoginServlet extends HttpServlet {
public void doGet(HttpServletRequest request, HttpServletResponse response)
    throws ServletException, IOException {
    doPost(request, response);
    }
public void doPost(HttpServletRequest request, HttpServletResponse response)
    throws ServletException, IOException {
    String username = request.getParameter("username");
    String password = request.getParameter("pwd");
    EmployeeService service = new EmployeeService();
    int flag = service.login(username, password);
    if(flag == 1) {
        request.getRequestDispatcher("index.html").forward(request, response);
    } else {
        request.getRequestDispatcher("login.html").forward(request, response);
    }
}
```

步骤 6：导入静态资源。

登录的业务逻辑代码已经完成，接下来需要完成项目的页面展示。只需要将已经准备好的静态资源导入到项目中。在 WebRoot 目录下创建 images 目录和 styles 目录，分别保存项目所需的图片资源和样式资源，再将登录所需的 HTML 页面放到 WebRoot 目录下，在导入 HTML 之前可以将已经存在的页面删掉，这样所需的静态资源就准备完成了，最终 WebRoot 目录的结构如图 4-30 所示。

步骤 7：配置 web.xml。

在 Web 项目中 web.xml 是非常重要的配置文件，web.xml 主要用来配置 Filter、Listener、Servlet、启动级别等，但它并不是必不可少的。在比较大的项目一般会用 web.xml，方便配置和管理。

每个 xml 文件都有定义它书写规则的 Schema 文件，也就是说

图 4-30 WebRoot 结构

配置 Web 项目的 web.xml 所对应的 Schema 文件中定义了多少种标签元素，web.xml 中就可以出现它所定义的标签元素，也就具备标签标示的特定功能。web.xml 的模式文件是由 Sun 公司定义的，每个 web.xml 文件的根元素为<web-app>中，必须标明这个 web.xml 使

用的是哪个模式文件。例如：

```
<?xml version="1. 0" encoding="UTF-8"?>
<web-app version="3. 0"
    xmlns="http://java. sun. com/xml/ns/javaee"
    xmlns:xsi="http://www. w3. org/2001/XMLSchema-instance"
    xsi:schemaLocation="http://java. sun. com/xml/ns/javaee
    http://java. sun. com/xml/ns/javaee/web-app_3_0. xsd">
</web-app>
```

XML 文件必须有且只有一个根节点，大小写敏感，标签不可嵌套，必须配对。web. xml 中标签元素的种类有很多，但有些不是很常用的，只需掌握常用的。

（1）指定欢迎页面标签

用到<welcome-file-list>标签及其子标签<welcome-file>，代码如下：

```
<welcome-file-list>
        <welcome-file>index. html</welcome-file>
        <welcome-file>index. jsp</welcome-file>
</welcome-file-list>
```

上面的例子指定了两个欢迎页面，显示时按顺序从第一个找起，如果第一个存在，就显示第一个，后面的不起作用。如果第一个不存在，就找第二个，以此类推。

对于 Tomcat 来说，当访问一个 Web 应用的根名而没有指定具体页面，如果 web. xml 文件中配置了欢迎页，那么就返回指定的那个页面作为欢迎页，而在文中没有 web. xml 文件，或虽然有 web. xml，但 web. xml 也没指定欢迎页的情况下，它默认先查找 index. html 文件，如果找到了，就把 index. html 作为欢迎页返回给浏览器。如果没找到 index. html，tomcat 就去找 index. jsp。找到 index. jsp 就把它作为欢迎页面返回。而如果 index. html 和 index. jsp 都没找到，又没有用 web. xml 文件指定欢迎页面，那此时 tomcat 就不知道该返回哪个文件了，就会报 404 错误。

（2）命名与指定 URL 标签

开发人员可以为 Servlet 和 JSP 文件命名并指定 URL，其中 URL 是依赖命名的，命名标签必须在指定 URL 标签之前。

对 Servlet 命名是由<servlet>标签及其子标签来完成的。<servlet>标签下的主要子标签见表4-18。

<servlet-mapping>标签用来定义 Servlet 所对应的 URL，其包含两个子标签，见表4-19。

表 4-18　<servlet>标签的主要子标签

标签名	含　义
<servlet-name>	指定 Servlet 的名称。
<servlet-class>	指定 Servlet 的类名称，必须是类的全名。
<init-param>	用来定义参数，可有多个 init-param。在 Servlet 类中通过 getInitParamenter（String name）方法访问初始化参数。
<load-on-startup>	指定当 Web 应用启动时，装载 Servlet 的次序。

表 4-19　<servlet-mapping>标签的子标签

标　签　名	含　义
<servlet-name>	指定 Servlet 的名称
<url-pattern>	指定 Servlet 所对应的 URL

Servlet 配置案例，该案例表示请求 "action. do" 会由 com. edu. TestServlet 这个 Servlet 来处理。代码如下：

```
<servlet>
    <servlet-name>test</servlet-name>
    <servlet-class>com. edu. TestServlet</servlet-class>
</servlet>
<servlet-mapping>
    <servlet-name>test</servlet-name>
    <url-pattern>/action. do</url-pattern>
</servlet-mapping>
```

<url-pattern>标签中 URL 的写法有很多种，除了可以明确的指定一个具体的请求，还可以使用通配符，来指定模糊的请求，如 "＊. do" 表示只要是以 ". do" 结尾的请求都由这个 Servlet 处理。

（3）设置监听器

示例代码如下：

```
<listener>
    <listener-class>com. test. XXXLisener</listener-class>
</listener>
```

（4）设置过滤器

示例代码如下：

```
<filter>
    <filter-name>XXXCharaSetFilter</filter-name>
    <filter-class>com. test. CharSetFilter</filter-class>
</filter>
<filter-mapping>
    <filter-name>XXXCharaSetFilter</filter-name>
    <url-pattern>/ * </url-pattern>
</filter-mapping>
```

（5）指定错误处理页面

可以通过"异常类型"或"错误码"来指定错误处理页面。代码如下：

```
<error-page>
    <error-code>404</error-code>
    <location>/error404. html</location>
</error-page>
<error-page>
    <exception-type>java. io. IOException</exception-type>
    <location>/errorIO. html</location>
</error-page>
```

在本项目中，设置 login. html 为默认首页，登录的请求 URL 设置为"/LoginServlet"，将处理登录的 Servlet 命名为"LoginServlet"，得到 Servlet 的配置内容如下：

```
<welcome-file-list>
    <welcome-file>login. html</welcome-file>
</welcome-file-list>

    <servlet>
    <description>This is the description of my J2EE component</description>
    <display-name>This is the display name of my J2EE component</display-name>
    <servlet-name>LoginServlet</servlet-name>
    <servlet-class>com. chinasofti. meeting. servlet. LoginServlet</servlet-class>
</servlet>
<servlet-mapping>
    <servlet-name>LoginServlet</servlet-name>
```

```
    <url-pattern>/LoginServlet</url-pattern>
  </servlet-mapping>
```

步骤 8：修改 login. html。

在 login. html 中将<form>标签 action 属性设置为 LoginServlet，method 属性设置为 post，表示使用 post 方式进行请求，请求路径为"/LoginServlet"，前端页面代码如下：

```
<form action="LoginServlet" method="post">
```

步骤 9：发布项目并测试。

将 meeting 项目通过开发工具添加到 tomcat，启动 tomcat 服务器。打开浏览器，在地址栏输入"http://localhost:8080/meeting/"，得到如图 4-31 所示登录页面。

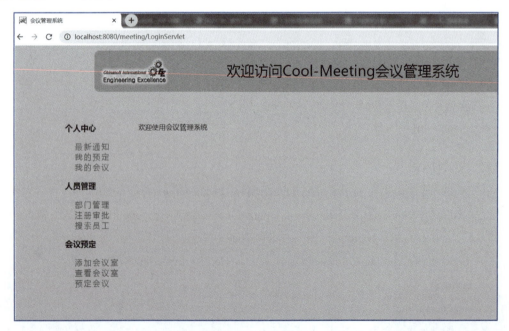

图 4-31　登录页面

然后输入 employee 表中已经存在的用户名和密码，得到登录成功之后的 index. html，效果如图 4-32 所示。

图 4-32　登录成功

如果输入错误的用户名和密码，则系统还是跳转到 login. html。

3. 实现注册功能

注册功能和登录功能用到的知识点相同，编程的思路也相近，因此注册功能的实现不再详细讲解，而是作为扩展练习，让大家参考登录功能自行实现。下面给出注册功能的实现思路。

使用 Servlet 加上静态网页技术，实现注册功能。注册功能的业务逻辑是首先通过"注册"功能的按钮跳转到注册页面。然后填写员工注册所需的信息，发送"注册"请求并提交数据，最后通过数据库访问方法实现向员工表中插入数据。此外，还要求所有记录的用户名不能相同，因此在得到注册数据之后并不是直接调用插入方法，而是要先查询数据库，判断目前是否存在同名的用户，只有具有不同用户名的注册数据才能插入数据库。

实现功能的具体开发思路和登录功能相近，步骤如下：

① 实现注册功能的数据访问逻辑。在 EmployeeDAO 类中，添加 insert( )方法，该方法用于实现插入数据，再添加 selectByUsername( )方法，该方法用于根据用户名查询数据库，以判断用户名是否已经存在。

② 创建 service 方法处理业务。在 EmployeeService 类中，添加一个 regist( )方法，该方法判断同用户名的员工是否存在，然后调用 dao 对象的插入方法进行数据插入，同时会返回一个 flag 标志，供 Servlet 进行判断。

③ 创建 RegistServlet 类用来处理请求。在 servlet 包中创建 RegistServlet 类，该类用于处理注册请求。首先将注册信息封装成实体对象供 service 使用，再根据返回的 flag 标志，进行不同的页面跳转。

④ 修改 HTML 页面和 web. xml。在 web. xml 中添加注册请求，同时修改注册页面的表单请求，同 web. xml 配置文件一致。

知识小结【对应证书技能】

Servlet 是为了实现展示动态页面的 Java 程序，Servlet 程序用于处理浏览器端发送的请求并返回响应，它连接起了浏览器端和服务器或数据库，是用 Java 语言进行 Web 应用开发最基础的技术之一。

学习 Servlet 必须重点理解 Servlet 的生命周期，掌握 Servlet 开发和配置过程以及 web. xml 文件的结构和写法，重点理解并掌握 doPost( )方法、doGet( )方法、请求对象和响应对象的原理和使用方法。

本任务知识技能点与等级证书技能的对应关系见表 4-20。

表 4-20　任务 4.4 知识技能点与等级证书技能对应

任务 4.4 知识技能点		对应证书技能			
知识点	技能点	工作领域	工作任务	职业技能要求	等级
1. Servlet 开发	1. Servlet 生命周期 2. Servlet 的 doGet 和 doPost 方法 3. 使用 Servlet 读取表单数据 4. Servlet 请求 HttpServletRequest 对象中保存属性值 5. Servlet 开发和配置	2. 应用程序代码编写	2.4 JSP 动态网页开发	2.4.1 熟练掌握 Servlet 的生命周期、线程特性，请求和响应接口等基本知识，掌握 Servlet 开发和配置	初级

知识拓展

1. Servlet 生命周期相关方法

微课 4-9
Servlet 介绍

（1）init( )方法

init( )方法被设计成只调用一次。它在第一次创建 Servlet 时被调用，在后续每次用户请求时不再调用。Servlet 对象被创建时会调用 init( )\init(ServletConfig config)用来初始化，ServletConfig 对象中包含了该 Servlet 初始化的配置信息。

（2）service( )方法

service( )方法是执行实际任务的主要方法。当客户端向 Servlet 发送请求，Servlet 容器调用 service( )方法来处理来自客户端的请求，并把格式化的响应返回给客户端。

当接收到一个 Servlet 请求时，服务器会产生一个新的线程并调用 service( )方法。service( )方法根据不同的请求类型，在适当的时候调用 doGet( )、doPost( )等方法进行相应的处理。它们是处理请求最常用的方法。

（3）doGet( )方法

Web 应用程序与服务器进行通信用到的是 HTTP，其工作方式是浏览器端与服务器之间的请求-响应模式。在浏览器端和服务器之间进行请求-响应时，两种最常被用到的方式是 GET 和 POST。GET 请求方式把参数包含在 URL 中，POST 方式则把参数包含在请求实体中。

doGet( )方法通常处理 GET 请求，或者来自于一个未指定 method 的 HTML 表单请求。

（4）doPost( )方法

POST 请求一般来自于指定了 method 为 POST 的 HTML 表单，它由 doPost( )方法处理。

（5）destroy（）方法

destroy（）方法只会被调用一次，在 Servlet 生命周期结束时被调用。destroy（）方法可以让 Servlet 关闭数据库连接、停止后台线程、把 Cookie 列表或点击计数器写入到磁盘，并执行其他类似的清理活动。在调用 destroy（）方法之后，Servlet 对象被标记为垃圾回收。

2. Servlet 常用接口和类

Java Servlet API 包括两个基本的包，javax. servlet 和 javax. servlet. http，其中 javax. servlet 提供了用来控制 Servlet 生命周期所需的类和接口，是编写 Servlet 必须要实现的。javax. servlet. http 提供了处理与 HTTP 相关操作的类和接口，每个 Servlet 必须实现 Servlet 接口，但是在实际的开发中，一般情况都是通过继承 javax. servlet. http. HttpServlet 或者 javax. servlet. GenericServlet 来间接实现 Servlet 接口。

（1）HttpServletRequest 接口

该接口继承了 ServletRequest 接口，用于定义封装客户端 HTTP 请求。Servlet 容器对于接收到的每一个 HTTP 请求，都会创建一个 HttpServletRequest 对象。

（2）HttpServletResponse 接口

该接口继承了 ServletResponse 接口，它用于定义使用 HTTP 响应客户端的"响应对象"。

（3）ServletContext 接口

ServletContext 代表是一个 Web 应用的环境上下文变量，ServletContext 内部封装的是该 Web 应用的信息，ServletContext 对象一个 Web 应用只有一个，通过这个大的 ServletContext 外部应用，代表了所有的 Servlet 对象。

运行在 Java 虚拟机中的每一个 Web 应用程序都有一个与之相关的 Servlet 上下文。Java Servlet API 提供了一个 ServletContext 接口用来表示上下文。在这个接口中定义了一组方法，Servlet 可以使用这些方法与它的 Servlet 容器进行通信。例如，得到文件的 MIME 类型，转发请求，或者向日志文件中写入日志信息。

Servlet 容器在 Web 应用程序加载时创建 ServletContext 对象，作为 Web 应用程序的运行时表示，ServletContext 对象可以被应用程序中所有的 Servlet 所访问。

3. 重定向和转发

在 Servlet 中实现页面的跳转有两种方式：转发和重定向。重定向指的是进行页面跳转时，浏览器重新再向服务器发送一次请求；转发指的是进行页面跳转时，在服务器内部将请求转发给目标代码。

请求转发只发送了一次请求，地址栏不会改变，由于只有一个请求，request 对象是没有发生改变的，可以进行数据共享。重定向会向服务器发送两次请求，而且改变地址栏的值，因此数据是不能共享的。

请求转发需要利用 request 对象调用 forward( ) 方法。示例代码：

```
protected void doGet（HttpServletRequest request，HttpServletResponse response）sthrows
ServletException，IOException ｛
    request. getRequestDispatcher（"跳转页面路径"）. forward（request,response）；
｝
```

重定向需要利用 response 对象调用 sendRedirect( ) 方法。示例代码：

```
protected void doGet（HttpServletRequest request，HttpServletResponse response）throws
ServletException，IOException ｛
    response. sendRedirect（"跳转页面路径"）；
｝
```

任务 4.5　实现会议室管理模块

任务描述

本任务主要实现对会议室的管理，可以添加会议室，可以查看所有的会议室列表，也可以查看某一个会议室的详情，或者对这个会议室的描述及某些信息进行修改。在任务 4.4 中，所有的页面都是静态的 HTML 页面，数据显示比较烦琐。在本任务中，将使用 JSP 技术来创建动态页面，帮助项目更好地获取和显示数据。

知识准备

JSP（Java Server Pages，Java 服务器页面）是一种跨平台的动态网页技术标准，由 Sun Microsystems 公司倡导、多家公司参与建立。它在 HTML 文件中插入 Java 程序段（Scriptlet）和 JSP 标记（tag），从而形成 JSP 文件（＊. jsp）。用 JSP 开发的 Web 应用是跨平台的，既能在 Linux 下运行，也能在其他操作系统上运行。

JSP 页面一般包含静态内容、指令、表达式、小脚本、声明、注释等元素。JSP 的本质是 Servlet，主要用于实现 Java Web 应用程序的用户界面部分。开发人员通过结合 HTML 代码以及嵌入 JSP 操作和命令来编写 JSP。

JSP 部署于网络服务器上，可以响应客户端发送的请求，并根据请求内容动态地生成 HTML、XML 或其他格式文档的 Web 网页，然后返回给请求者。JSP 技术以 Java 作为脚本语言，为用户的 HTTP 请求提供服务，并能与服务器上的其他 Java 程序共同处理复杂的业务需求。JSP 将 Java 代码和特定变动内容嵌入到静态的页面中，以静态页面为模板，动态生成其中的部分内容。

JSP 页面最终由 Web 容器编译成对应的 Servlet，以 HTML 代码为主，在页面中适当嵌入 Java 代码来处理业务上的逻辑。Servlet 就是 Java 类，若想在浏览器端响应结果，则需要在代码中加入大量的 HTML 代码，而一个页面的 HTML 代码通过非常多且烦琐，不适合用 Java 代码进行输出，因此 JSP 比 Servlet 更适合显示数据。

JSP 技术有很多优点：

1）能以模板化的方式简单、高效地添加动态网页内容。

2）可利用 JavaBean 和标签库技术复用常用的功能代码（设计好的组件容易实现重复利用，减少重复劳动）。标签库不仅带有通用的内置标签（JSTL），而且支持可扩展功能的自定义标签。

3）一次编写，多处运行。

4）强大的可伸缩性。

5）多样化和功能强大的开发工具支持。

在项目开发中，开发人员可以利用开发工具新建 JSP 页面，也可以对已有的 HTML 页面进行修改，在页面顶部使用 page 指令来设置 JSP 页面的属性和相关功能。page 指令的语法有两种，但主要使用如下格式：

```
<%@  page attribute1 =" value1"  [ attribute2 =" value2" …attributen =" valuen" ]%>
```

page 指令有多种属性，最为常用的是 language、import 和 pageEncoding 这 3 个，其中 language 是必须设置的，JSP 页面使用的是 Java 语言，所以其默认值是 java；import 用来声明需要导入的包；pageEncoding 属性用于设置页面的编码。

JSP 的主要基础知识如图 4-33 所示。

限于篇幅，关于 JSP 知识点这里不做过多介绍，相关介绍可参见知识拓展。

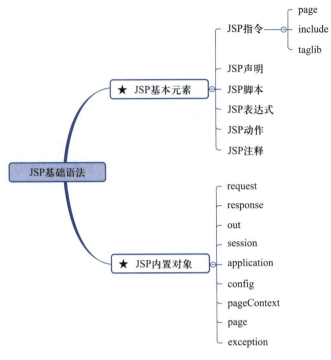

图 4-33　JSP 知识结构

任务实施

　　会议室管理模块用 JSP、Servlet 以及 JavaBean 技术实现，使用 VO（Value Object，值对象）类封装实体类，相当于是 JavaBean。使用 DAO 类封装数据访问逻辑，用 Service 类封装业务逻辑，很多时候 Service 和 DAO 的逻辑是类似甚至是相同的。

1. 实现查看会议室功能

　　查看会议室功能就是根据查看请求去查询数据库，将查询结果返回并显示。与登录注册功能一样，先实现数据库查询，再实现业务逻辑的处理，最后实现请求的处理和页面的显示。

微课 4-10
查看会议室

　　步骤 1：创建会议室实体类。

　　和登录注册功能一样，创建 MeetingRoom 类，根据 meetingroom 表的字段设置实体类的属性，再添加构造方法和属性的 getter 和 setter 方法。这里不再赘述，可以参考 employee 类来设置。

　　步骤 2：编写数据库访问类。

　　在 dao 包中，创建 MeetingRoomDAO 类，该类包含所有与会议室相关的数据库操作方法。在 DAO 类中创建数据库查询方法，并将结果封装成 MeetingRoom 对象。

　　在 DAO 类中创建 selectAllMeetingRooms( )方法，并返回会议室对象的 list 列表。在方法中获取数据库连接对象，编写查询全部会议室的 SQL 代码，然后将查询结果封装成 MeetingRoom 对象，并添加到 list 列表中。具体代码如下：

```
public List<MeetingRoom> selectAllMeetingRooms( ) {
    conn = ConnectionFactory. getConnection( ) ;
    List<MeetingRoom> list = new ArrayList<MeetingRoom>( ) ;
    MeetingRoom meetingroom = null ;
    try {
        PreparedStatement st = null ;
        String sql = " select  *  from meetingroom " ;
        st  = conn. prepareStatement( sql) ;
        ResultSet rs  = st. executeQuery( sql) ;
        while( rs. next( ) ) {
            meetingroom = new MeetingRoom( ) ;
            meetingroom. setRoomid
                ( Integer. parseInt( rs. getString( " roomid" ) ) ) ;
            meetingroom. setRoomnum
                ( Integer. parseInt( rs. getString( " roomnum" ) ) ) ;
            meetingroom. setCapacity
                ( Integer. parseInt( rs. getString( " capacity" ) ) ) ;
            meetingroom. setRoomname
                ( rs. getString( " roomname" ) ) ;
            meetingroom. setStatus
                ( rs. getString( " status" ) ) ;
            meetingroom. setDescription
                ( rs. getString( " description" ) ) ;
            list. add( meetingroom) ;
        }
    } catch ( SQLException e) {
        e. printStackTrace( ) ;
    } finally {
        ConnectionFactory. closeConnection( ) ;
```

```
        }
    return list;
}
```

步骤 3：编写 Service 类，处理查看会议室。

查看会议室功能的逻辑非常简单，仅仅是调用数据库查询方法。

在 service 包中创建 MeetingRoomService 类，该类包含会议室管理的相关的 service 方法。首先获取 MeetingRoomDAO 对象，用于数据库操作。新建 viewAllMeetingRooms( ) 方法，该方法返回会议室列表。在方法中用 dao 对象调用 selectAllMeetingRooms( ) 方法，进行数据查询。具体代码如下：

```
public class MeetingRoomService {
    private MeetingRoomDAO dao = new MeetingRoomDAO( );
    public List<MeetingRoom> viewAllMeetingRooms( ) {
        return dao. selectAllMeetingRooms( );
    }
}
```

步骤 4：编写 Servlet 类，处理请求。

该 Servlet 类用于处理查看会议室请求，只需要继承 HttpServlet，重写 doPost( ) 方法即可。在 Servlet 中，需要将得到的会议室 list 返回给前端页面，供其显示。

利用 request 对象，调用 setAttribute( ) 方法，将 list 设置为 request 对象的属性，供前端页面调用以得到数据。最后利用 forward( ) 方法将页面重定向到会议室显示页面。

在 servlet 包中创建 ViewAllMeetingRoomsServlet 类，该类用于处理查看会议室请求，在方法中将 list 列表设置为 request 的 "meetingroomsList" 属性。具体代码如下：

```
public class ViewAllMeetingRoomsServlet extends HttpServlet {
    public void doGet(HttpServletRequest request, HttpServletResponse response)
            throws ServletException, IOException {
        doPost( request,response);
    }
    public void doPost(HttpServletRequest request, HttpServletResponse response)
            throws ServletException, IOException {
        MeetingRoomService service = new MeetingRoomService( );
        List<MeetingRoom> list = service. viewAllMeetingRooms( );
```

```
                request. setAttribute("meetingroomsList", list);
                request. getRequestDispatcher ("allmeetingrooms. jsp"). forward (request, re-
        sponse);
            }
    }
```

allmeetingrooms. jsp 为显示会议室列表的 JSP 页面，具体内容在下面的内容中讲解。

步骤 5：编辑动态页面。

任务 4.3 已经完成了对静态页面的设计，这里只需要将 HTML 页面进行简单的修改即可。

在本项目中，将显示会议室列表的 allmeetingrooms. html 导入到 WebRoot 目录下，将页面的扩展名改为".jsp"，同时在页面添加 page 指令，内容如下：

```
<%@ page language = "java"
import = "java. util. * , vo. * "    pageEncoding = "utf-8" %>
```

在 import 中加入了 vo 包，因为在后面的显示中还是要从 MeetingRoom 实体对象中获取数据，因此需要导入 vo 包。

allmeetingrooms. jsp 用来显示会议室列表，因此需要对原页面进行修改，添加展示会议室列表的代码。显示会议室列表的思路是在 JSP 页面中获取已经存放在 request 请求中的 list 对象，遍历 list 获取其中的数据，然后进行显示。

要获取 request 请求对象的属性值，需要用到 JSP 的内置对象 request。内置对象 request 实际上就是 javax. servlet. http. HttpServletRequest 类的实例，也就是 Servlet 中的请求对象，所以在 Servlet 中添加的 meetingroomsList 属性，在 JSP 页面中也能得到。在 JSP 中加入 Java 代码，其语法格式为"<% Java 代码 %>"。在 allmeetingrooms. jsp 页面中表格元素的第一个<tr>后，加上获取 list 对象的 Java 脚本，其代码如下：

```
<%List<MeetingRoom>rooms
= (List<MeetingRoom>)request. getAttribute("meetingroomsList"); %>
```

Java 脚本就是通过 request 内置对象，调用 getAttribute()方法，得到会议室列表对象，由于 getAttribute()方法返回的是 Object 类型，因此需要进行类型转换。代码中用 rooms 变量来存放 list 的数据。

接下来就是遍历 rooms 这个 List 类型的变量，并且将获得的数据进行显示。表格中的一个<tr>标签对应一个会议室对象，<tr>标签中一个<td>就对应会议室对象的一个属性。因此，要将循环代码放在<tr>标签之前，同时<td>标签用于显示对应位置的属性。在 JSP 页面中显示数据就要用到 JSP 的表达式，其格式为"<% = Java 代码 %>"。注意在表达式代码中结束之后不要用"；"结尾。最终完整的显示代码如下：

```
<%List<MeetingRoom> rooms
=(List<MeetingRoom>)request. getAttribute("meetingroomsList"); %>
<%if (rooms != null){ %>
<%for (MeetingRoom room:rooms){ %>
<tr>
    <td><% = room. getRoomnum( )%></td>
    <td><% = room. getRoomname( )%></td>
    <td><% = room. getCapacity( )%></td>
    <% if (room. getStatus( ). equals("0")){%>
    <td>可用</td>
      <%} %>
    <% if (room. getStatus( ). equals("1")){%>
      <td>不可用</td>
      <%} %>
<td > < a class = " clickbutton"  href = " ViewOneMeetingRoomServlet? roomid = <% =
room. getRoomid( ) %>">查看详情</a></td>
</tr>
    <%} %>
<% } %>
```

该代码的逻辑就是在获取 list 对象之后，先进行判断是否为空，若不为空就进行循环，在每一次循环中将会议室对象的属性通过其 getter 方法获取到，并用 JSP 表达式进行显示。在显示会议室状态时，由于 status 属性用 0 或 1 表示，不能直接用于显示，因此在显示之前加上了一个判断，如果 status=0，则表示可用；如果 status=1，则表示不可用。

在最后一个<td>标签中添加了"查看详情"这样一个超链接，该链接是用于查看会议室详情并进行修改的功能。查看详情或修改功能在本步骤中不做详细介绍。

步骤 6：配置 web. xml。

上面几个步骤已经完成了整个业务逻辑代码的实现，最后只需要在 web. xml 中配置好请求与 Servlet 的对应，该功能就大功告成。

配置过程已经在登录注册功能中详细介绍过，此处直接给出代码：

```
<servlet>
    <description>This is the description of my J2EE component</description>
```

```
<display-name>This is the display name of my J2EE component</display-name>
<servlet-name>ViewAllMeetingRoomsServlet</servlet-name>
    <servlet-class>com. chinasofti. meeting. servlet. ViewAllMeetingRoomsServlet</servlet-class>
</servlet>
<servlet-mapping>
    <servlet-name>ViewAllMeetingRoomsServlet</servlet-name>
    <url-pattern>/ViewAllMeetingRoomsServlet</url-pattern>
</servlet-mapping>
```

步骤 7：发布项目。

将项目添加到 Tomcat，然后启动。先进行登录，然后单击"查看会议室"，最终得到的结果如图 4-34 所示。

个人中心	会议预定 > 查看会议室				
最新通知	所有会议室：				
我的预定	门牌编号	会议室名称	容纳人数	当前状态	操作
我的会议	101	第一会议室	15	可用	查看详情
人员管理	102	第二会议室	5	可用	查看详情
部门管理	103	第三会议室	12	可用	查看详情
注册审批	401	第四会议室	15	可用	查看详情
搜索员工	201	第五会议室	15	可用	查看详情
会议预定	601	第六会议室	12	可用	查看详情
添加会议室	325	第十会议室	10	可用	查看详情
查看会议室	8	dd	50	不可用	查看详情
预定会议					
	更多问题，欢迎联系管理员				

图 4-34　会议室结果展示

2. 实现添加会议室

添加会议室功能本质上就是向 meetingroom 表中插入一条记录。添加会议室的逻辑是从前端页面输入会议室的数据，用 Servlet 进行处理，调用数据库插入的方法完成向数据表中插入数据，实现添加会议室的功能。

微课 4-11
添加会议室

步骤 1：编写数据库访问类。

在 dao 包中，创建 MeetingRoomDAO 类，该类包含所有与会议室相关的数据库操作方法。在添加会议室中，只需要向数据库插入记录即可，因此在 DAO 类中新建 insert( ) 方法，该方法用于完成数据库插入操作。具体代码如下：

```
public class MeetingRoomDAO {
    private Connection conn;
    public void insert(MeetingRoom meetingroom) {
        conn = ConnectionFactory.getConnection();
        String sql = "insert into meetingroom" +
            "(roomnum,roomname,capacity,status,description)" +
                    " values(?,?,?,?,?)";
        try {
            PreparedStatement pstmt = conn.prepareStatement(sql);
            pstmt.setInt(1,meetingroom.getRoomnum());
            pstmt.setString(2,meetingroom.getRoomname());
            pstmt.setInt(3,meetingroom.getCapacity());
            pstmt.setString(4,meetingroom.getStatus());
            pstmt.setString(5,meetingroom.getDescription());
            pstmt.executeUpdate();
        } catch (SQLException e) {
            e.printStackTrace();
        } finally {
            ConnectionFactory.closeConnection();
        }
    }
}
```

insert()方法以会议室对象为参数，在该方法中首先通过工具类获得数据库连接，再编写插入语句，最后用 PreparedStatement 对象完成数据库执行。

步骤 2：编写 MeetingRoomService 类，实现添加会议室的业务处理。

添加会议室功能的逻辑非常简单，不需要对数据进行处理，仅仅是调用数据库插入方法即可。

在 MeetingRoomService 类中获取 MeetingRoomDAO 对象，用于数据库操作。新建 addMeetingRoom()方法，以会议室对象为参数，在方法中用 dao 对象调用 insert()方法，进行数据插入，具体代码如下：

```
public class MeetingRoomService {
    private MeetingRoomDAO dao = new MeetingRoomDAO();
    public void addMeetingRoom(MeetingRoom meetingroom) {
```

```
                    dao. insert( meetingroom) ;
        }
    }
```

步骤 3：编写 Servlet 类，处理请求。

该 Servlet 用于处理添加会议室的请求，将请求中的会议室数据封装成 MeetingRoom 对象，再调用 Service 类完成数据插入，完成操作之后，跳转到会议室显示页面。

创建 AddMeetingRoomServlet 类继承 HttpServlet，重写 doPost( )方法，在方法中实现处理逻辑，具体代码如下：

```
public class AddMeetingRoomServlet extends HttpServlet {
    public void doGet( HttpServletRequest request, HttpServletResponse response)
            throws ServletException, IOException {
        doPost( request, response) ;
    }
    public void doPost( HttpServletRequest request, HttpServletResponse response)
            throws ServletException, IOException {
        int roomnum = Integer. parseInt( request. getParameter( "roomnum" ) ) ;
        int capacity = Integer. parseInt( request. getParameter( "capacity" ) ) ;
        String roomname = request. getParameter( "roomname" ) ;
        String status = request. getParameter( "status" ) ;
        String description = request. getParameter( "description" ) ;
        MeetingRoomService service = new MeetingRoomService( ) ;
        service. addMeetingRoom ( new MeetingRoom ( roomnum, roomname, capacity,
status, description) ) ;
        request. getRequestDispatcher( " ViewAllMeetingRoomsServlet" ). forward( request,
response) ;
    }
}
```

步骤 4：实现动态页面。

在上一个步骤中已经详细介绍了如何编辑一个 JSP 页面，在此步骤中不再赘述。将 HTML 页面 addmeetingroom. html 导入到 WebRoot 目录中，修改文件扩展名得到 addmeetingroom. jsp，在页面中添加 page 指令。由于添加会议室页面其他部分没有使用 JSP，因此不用再去添加 Java 代码，页面到此修改完成。

步骤 5：配置 web. xml。

servlet. AddMeetingRoomServlet 类对应/AddMeetingRoomServlet 请求，直接给出配置代码：

```
<servlet>
        <description>This is the description of my J2EE component</description>
        <display-name>This is the display name of my J2EE component</display-name>
        <servlet-name>AddMeetingRoomServlet</servlet-name>
        <servlet-class>servlet. AddMeetingRoomServlet</servlet-class>
    </servlet>
<servlet-mapping>
        <servlet-name>AddMeetingRoomServlet</servlet-name>
        <url-pattern>/AddMeetingRoomServlet</url-pattern>
    </servlet-mapping>
```

步骤 6：发布项目。

在启动 Tomcat 后，进行登录，然后单击"添加会议室"，进入 addmeetingroom. jsp。

1）添加会议室，如图 4-35 所示。

图 4-35　添加会议室

2）输入信息，如图 4-36 所示。

3）添加成功，界面如图 4-37 所示。

3. 实现查看会议室详情并修改会议室信息

查看会议室详情和修改会议室功能涉及的知识点和前面步骤一样，同时其业务逻辑也

图 4-36　输入会议室信息

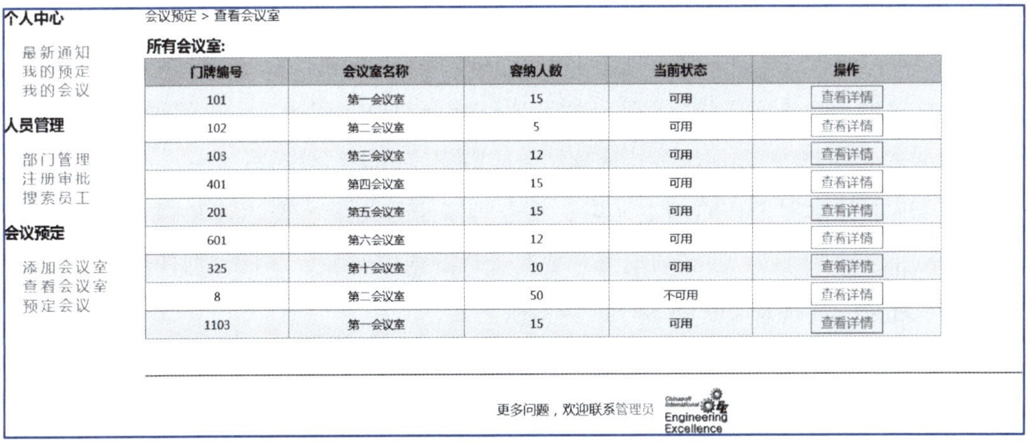

图 4-37　添加会议室成功

和添加会议室信息一样，因此不再进行详细讲解，而是作为扩展练习，请读者参考添加会议室和查看会议室功能自行实现。

在此只给出编程实现的思路。修改会议室功能就是将修改后的信息更新到数据库中，然后再跳转到显示会议室列表页面。

（1）实现数据访问逻辑

在 MeetingRoomDAO 类中添加 selectByRoomid()方法，用于获得单个会议室的详情；添加 updateMeetingroom()方法，用于更新数据库表。

（2）实现查看和修改会议室的业务逻辑

在 MeetingRoomService 类中添加 viewOneMeetingRoom()方法，用于调用 DAO 类中的 selectByRoomid 方法，获取单个会议室的数据；添加 updateMeetingRoom()方法，该方法调

用 DAO 类中的 updateMeetingroom( ) 方法，完成数据更新。

（3）实现请求处理

新建一个 ViewOneMeetingRoomServlet 类，该类用于处理查看会议室详情请求，调用 service 的方法获取会议室详情，以供会议室详情页面显示。

新建一个 UpdateMeetingRoomServlet 类，该类用于处理修改会议室请求。调用 service 中的方法进行数据更新，然后跳转到会议室列表。

（4）修改 JSP 页面并配置 web.xml

修改会议室详情页面 meetingroomdetail.jsp，使用 JSP 脚本和表达式完成数据的显示，该方法与会议室列表的显示类似，可以参考。在 web.xml 中设置详情显示和会议室修改的请求，该过程不再赘述。

知识小结【对应证书技能】

JSP（Java Server Pages）是一种用 Java 语言开发动态网页的技术，主要用于实现 Java Web 应用程序的用户界面部分。程序开发者通过结合 HTML 代码、Java 代码以及嵌入 JSP 操作和命令来编写 JSP，实现服务器处理结果或数据库查询结果动态显示。

学习 JSP 必须掌握 JSP 的基本元素，重点理解 JSP 指令、表达式和脚本，这是进行 JSP 页面展示的基本内容。还必须理解并掌握 JSP 的内置对象，掌握如何使用它们传递及获取数据。此外，要理解 JSP 和 Servlet 的本质关系。

本任务知识技能点与等级证书技能的对应关系见表 4-21。

表 4-21   任务 4.5 知识技能点与等级证书技能对应

任务 4.5 知识技能点		对应证书技能			
知识点	技能点	工作领域	工作任务	职业技能要求	等级
1. JSP 基本页面元素 2. JSP 内置对象	1. 静态内容、指令、小脚本、注释、表达式、声明 2. request.getAttribute( ) 得到保存在 JSP 请求 request 对象中的属性值 3. request.getParameter( ) 得到传过来的参数值 4. 通过 request 对象进行请求转发	2. 应用程序代码编写	2.4 JSP 动态网页开发	2.4.3 掌握 JSP 基本页面元素、内置对象、Java Bean、EL 与 JSTL 的开发	初级

知识拓展

1. JSP 指令

JSP 指令用来设置整个 JSP 页面相关的属性，如网页的编码方式和脚本语言，包含 page 指令、taglib 指令和 include 指令共 3 个指令元素。

1）Page 指令：为容器提供当前页面的使用说明，通常位于 JSP 页面的顶端。一个 JSP 页面可以包含多个 page 指令。

Page 指令的语法格式如下：

```
<%@ page attribute="value" %>
```

2）include 指令：JSP 可以通过 include 指令来包含其他文件，被包含的文件可以是 JSP 文件、HTML 文件或文本文件；包含的文件就好像是该 JSP 文件的一部分，会被同时编译执行。

include 指令的语法格式如下：

```
<%@ include file="文件相对 url 地址" %>
```

include 指令中的文件名实际上是一个相对的 URL 地址。如果没有给文件关联一个路径，JSP 编译器默认在当前路径下寻找。

3）Taglib 指令：引入一个自定义标签集合的定义，包括库路径、自定义标签。

Taglib 指令的语法格式如下：

```
<%@ taglib uri="uri" prefix="prefixOfTag" %>
```

其中，uri 属性确定标签库的位置，prefix 属性指定标签库的前缀。

2. JSP 脚本

JSP 脚本就是在 JSP 页面中执行 Java 代码。语法格式如下：

```
<% Java 代码 %>
```

3. JSP 表达式

JSP 表达式是指在 JSP 页面中执行的表达式，一般用于打印变量和方法的值。一般语法格式如下：

```
<%=表达式 %>
```

注意： 表达式不以分号结束。

4. JSP 声明

一个声明语句可以声明一个或多个变量、方法，供后面的 Java 代码使用。在 JSP 文件中，必须先声明这些变量和方法然后才能使用它们。

JSP 声明的语法格式如下：

```
<%! declaration;［declaration;］* … %>
```

5. JSP 注释

JSP 页面的注释有以下几种常用方式：

1）HTML 的注释（浏览器端可见）。格式如下：

```
<!-- html 注释 -->
```

2）JSP 的注释（浏览器端不可见）。格式如下：

```
<%-- html 注释 --%>
```

3）JSP 脚本注释（可以嵌入在 JSP 的脚本中）。格式如下：

```
//单行注释 / * 多行注释 */
```

6. JSP 内置对象

JSP 内置对象又称为隐式对象，是 JSP 容器为每个页面提供的 Java 对象，开发者可以直接使用它们而不用显式声明，也称为预定义变量。

JSP 支持 9 种隐式对象：request、response、out、session、application、config、pageContext、page 和 exception。

1）request 对象：javax. servlet. http. HttpServletRequest 类的实例。每当客户端请求一个 JSP 页面时，JSP 引擎就会制造一个新的 request 对象来代表这个请求。

request 对象提供了一系列方法来获取 HTTP 头信息，如 Cookies、HTTP 方法等，其中 getParameter( )的作用是取得请求中指定的参数值，返回 String 类型。

2）session 对象：javax. servlet. http. HttpSession 类的实例。和 Java Servlet 类中的 session 对象有一样的行为，session 对象用来跟踪与各个浏览器端请求间的会话。

3）out 对象：javax. servlet. jsp. JspWriter 类的实例，用来在 response 对象中写入内容。

out. print(dataType dt)：输出 Type 类型的值。

out. println(dataType dt)：输出 Type 类型的值然后换行。

out. flush( )：刷新输出流。

4）response 对象：和 request 对象相对应，用于响应客户请求，向浏览器端输出信息。response 是 HttpServletResponse 的实例，封装了 JSP 产生的响应浏览器端请求的有关信息，如回应的 Header、回应本体（HTML 的内容）以及服务器端的状态码等信息，提供给浏览器端。请求的信息可以是各种数据类型的，甚至是文件。

5）application 对象：用于保存应用程序的公用数据。服务器启动并自动创建 application 对象后，只要没有关闭服务器，application 对象就一直存在，并被所有用户共享。

application 对象是 javax. servlet. ServletContext 类的实例，这有助于查找有关 Servlet 引擎和 Servlet 环境的信息。它的生命周期从服务器启动到关闭，在此期间，对象将一直存在。这样，在用户的前后连接或不同用户之间的连接中，可以对此对象的同一属性进行操作。在任何地方对此对象属性的操作，都会影响到其他用户的访问。

6）pageContext 对象：页面上下文对象。这个特殊的对象提供了 JSP 程序执行时所需要用到的所有属性和方法，如 session、application、config、out 等对象的属性，也就是说，它可以访问本页所有的 session，也可以取本页所在的 application 的某一属性值。它相当于页面中所有其他对象功能的集大成者，可以用它访问本页中所有的其他对象。

pageContext 对象是 javax. servlet: jsp. pageContext 类的一个实例，它的创建和初始化都是由容器来完成的，JSP 页面里可以直接使用 pageContext 对象的句柄，pageContext 对象的 getXxx( )、setXxx( ) 和 findXxx( ) 方法可以根据不同的对象范围实现对这些对象的管理。

7）page 对象：为了执行当前页面应答请求而设置的 Servlet 类的实体，即显示 JSP 页面自身，与类的 this 指针类似，使用它来调用 Servlet 类中所定义的方法，只有在本页面内才是合法的。它是 java. lang. Object 类的实例，对于开发 JSP 比较有用。

8）config 对象：javax. servlet. ServletConfig 类的实例，表示 Servlet 的配置信息。

当一个 Servlet 初始化时，容器把某些信息通过此对象传递给这个 Servlet，这些信息包括 Servlet 初始化时所要用到的参数（通过属性名和属性值构成）以及服务器的有关信息（通过传递一个 ServletContext 对象），config 对象的应用范围是本页。

开发者可以在 web. xml 文件中为应用程序环境中的 Servlet 程序和 JSP 页面提供初始化参数。

9）exception 对象：包装了从先前页面中抛出的异常信息，通常被用来产生对出错条件的适当响应。

任务 4.6　实现部门管理和页面优化

任务描述

本任务主要实现部门管理及页面的优化，具体包括实现对部门的添加、删除和查看等功能，使用过滤器实现编码设置、登录验证，使用 EL 优化登录页面，以及使用 JSTL 优化部门页面 4 部分内容。

知识准备

1. 过滤器

微课 4-12
简单过滤器的实现

（1）过滤器简介

过滤器是一个服务器端的组件，它可以截取客户端的请求和服务端的响应信息，并对这些信息进行过滤。

用户在请求 Web 资源时，该请求会先被过滤器拦截，经过滤之后再发送到 Web 资源管理器；Web 资源管理器将响应返回给用户时，也会先被过滤器拦截，过滤之后再发送给用户。

（2）过滤器的生命周期

过滤器的生命周期分为 4 个阶段：实例化、初始化、过滤和销毁。实例化是指在 Web 工程的 web. xml 文件里声明一个过滤器，之后 Web 容器会创建一个过滤器的实例；初始化是指在创建了过滤器实例之后，服务器会执行过滤器中的 init( )方法，这是过滤器的初始化方法；初始化之后过滤器就可以对请求和响应进行过滤了，过滤主要调用的是过滤器的 doFilter( )方法；最后当服务器停止时，会将过滤器销毁，销毁过滤器前主要调用过滤器的 destory( )方法，释放资源。

（3）过滤器常用方法

从上面对过滤器的生命周期的分析中可以看到，过滤器最常用的方法有以下 3 个。

1）init( )方法：这是过滤器的初始化方法，在 Web 容器创建了过滤器实例之后将调用这个方法进行一些初始化的操作，可以读取 web. xml 中为过滤器定义的一些初始化参数。

2）doFilter( )方法：这是过滤器的核心方法，会执行实际的过滤操作，当用户访问与过滤器关联的 URL 时，Web 容器会先调用过滤器的 doFilter( )方法进行过滤。

3）destory( )方法：这是 Web 容器在销毁过滤器实例前调用的方法，主要用来释放过滤器的资源等。

使用过滤器的基本操作步骤如下：

1）过滤器是一个实现了 javax. servlet. Filter 接口的 Java 类。首先定义一个过滤器名为 FirstFilter，让它实现 Filter 接口，而要实现 Filter 接口，就需要实现这个接口的 3 个方法 init( )、doFilter( ) 和 destory( )。在这 3 个方法里分别输出一句话表示这个方法已经执行了，其中 doFilter( )方法中的 FiterChain. doFilter( )方法表示将请求传给下一个过滤器或目标资源，当过滤器收到响应之后再执行 FilterChain. doFilter( )之后的内容。代码如下：

```java
//-----------FirstFilter. java-----------
public class FirstFilter implements Filter {
    public void init(FilterConfig arg0) throws ServletException {
        System. out. println("First Filter------Init");
    }
    public void doFilter(ServletRequest arg0, ServletResponse arg1,
            FilterChain arg2) throws IOException, ServletException {
        System. out. println("First Filter------doFilter start");
        arg2. doFilter(arg0, arg1);
        System. out. println("First Filter------doFilter end");
    }
    public void destroy() {
        System. out. println("First Filter------Destory");
    }
}
```

2）定义过滤器之后，需要在 web. xml 文件中进行声明，过滤器在 web. xml 文件中的配置方法如图 4-38 所示。

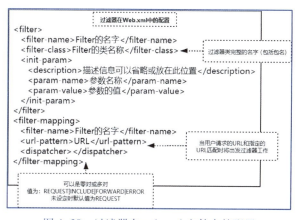

图 4-38　过滤器在 web. xml 文件中的配置

下面代码是 firstFilter 过滤器在 web. xml 文件中的配置，当用户请求 URL 为 index. jsp 时会触发过滤器。

```
<filter>
    <filter-name>firstFilter</filter-name>
    <filter-class>com. imooc. filter. FirstFilter</filter-class>
</filter>
<filter-mapping>
    <filter-name>firstFilter</filter-name>
    <url-pattern>/index. jsp</url-pattern>
</filter-mapping>
```

这样一个简单的过滤器就完成了。

2. 其他核心知识点

学习本任务，还要掌握其他核心知识点：

1）EL 表达式基础语法。

2）EL 表达式的隐含对象。

3）JSTL 核心标签。

在 JSP 页面中，经常利用 JSP 表达式 "<%=变量或者表达式%>" 来输出声明的变量以及页面传递的参数。当变量很多的时候，书写这样的表达式会显得烦琐，EL 表达式很好地解决了这个问题。EL 表达式提供了更为简洁、方便的形式来访问变量，不但可以简化 JSP 页面代码，而且使得开发者的逻辑更加清晰。

除了 EL 表达式，还有一种标签，即 JSTL 标签，它不但可以简化 JSP 代码量，而且使得 JSP 开发者的维护工作更加轻松。JSTL 标签常与 EL 表达式一起使用。

注意：实际在开发项目时，可能从一开始就会使用最优的 JSP。考虑到本书面向的对象是初学 JavaEE 编程的学习者，为了帮助大家循序渐进的真正掌握 Java Web 开发，在本任务中才使用 JSTL 和 EL 来优化 JSP 页面。

JSTL 和 EL 的具体知识请见知识拓展。

任务实施

本任务使用 JSP/Servlet/JavaBean 实现对部门的增删查，使用过滤器实现编码设置、登录验证，使用 JSTL 和 EL 实现页面的优化。

1. 实现查看所有部门信息

微课 4-13
查看所有部门信息

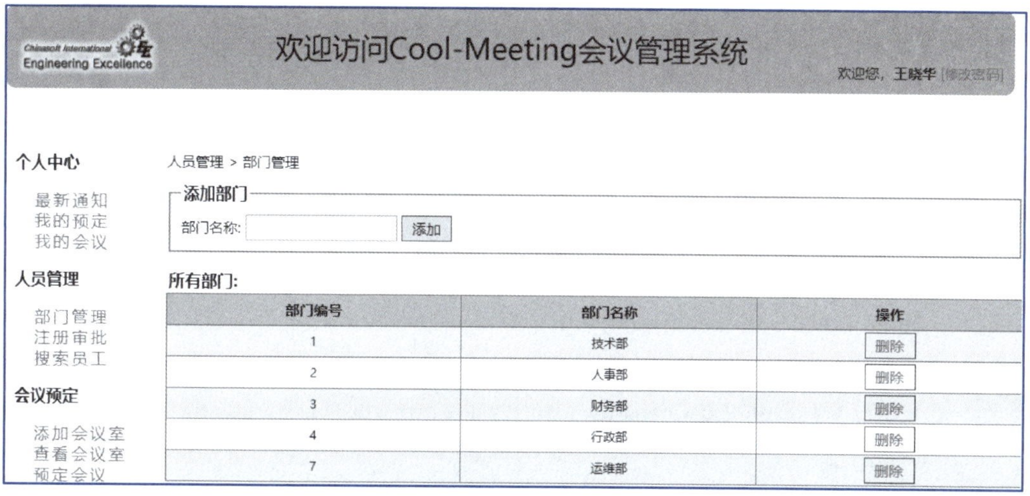

登录系统后，单击主界面左侧的"部门管理"，在右侧下方显示数据库中所有的部门信息，如图 4-39 所示。

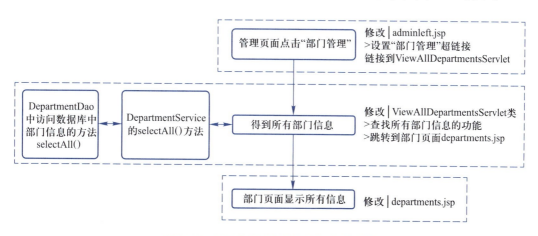

图 4-39　"查看所有部门信息"页面

"查看所有部门信息"功能的实现思路如下：单击主界面左侧功能选项"部门管理"，调用超链接访问 ViewAllDepartmentsServlet 这个 Servlet 类。通过 ViewAllDepartmentsServlet 类可以得到所有部门信息并存放在 request 对象中。接收到传过来的参数 code 值如果是 viewalldepartments，则跳转到部门页面 departments.jsp。部门页面 departments.jsp 把查询得到的所有部门信息从 request 对象中取出并显示出来。功能实现流程如图 4-40 所示。

图 4-40　"查看所有部门信息"实现流程

步骤 1：利用数据库访问类——DepartmentDao 类查找所有部门信息。

本任务将通过查询把所有的部门信息显示出来。前面任务 4.4 中的步骤"实现注册"时其实已经用到过和部门有关的数据库访问类 DepartmentDao 类，在该类中定义查询部门的 selectAll( )方法实现查询所有部门信息的功能，得到的结果返回给一个集合对象。实现过程主要是利用 JDBC 编程从数据库的部门表中获得部门信息，保存在结果集中，然后循环遍历结果集中的部门信息数据，把它们取出来，放入一个集合里返回。DepartmentDao 类的 selectAll( )方法的实现代码如下：

```java
public class DepartmentDAO {
    //DAO 类关联连接工厂类
    private Connection conn;
    //查询所有部门信息,返回到集合中
    public List<Department> selectAll() {
        conn = ConnectionFactory. getConnection();
        List<Department> departmentsList = new ArrayList<Department>();
        try {
            Statement st = null;
            String sql = "select  *  from department";
            st = conn. createStatement();
            ResultSet rs = st. executeQuery(sql);
            Department department;
            while(rs. next()) {
                department = new Department();
                department. setDepartmentid(rs. getString("departmentid"));
                department. setDepartmentname(rs. getString("departmentname"));
                departmentsList. add(department);
            }
        } catch (SQLException e) {
            e. printStackTrace();
        } finally {
            ConnectionFactory. closeConnection();
        }
        return departmentsList;
    }
}
```

步骤 2：编写 Service 类——DepartmentService 类并添加业务方法。

这里要编写得到所有部门信息的 viewAllDepartments( )方法，在该方法里调用 DepartmentDao 的查询方法 selectAll( )，得到部门信息。DepartmentService 类的实现代码如下：

```
public class DepartmentService {
    private DepartmentDAO dao = new DepartmentDAO( );
    //调用 DepartmentDao 的查询的方法 selectAll( ),得到部门信息
    public List<Department> viewAllDepartments( ){
        return dao. selectAll( );
    }
}
```

注意：本类中方法的实现都是调用 DepartmentDAO 类的方法。创建一个业务逻辑类——DepartmentService 类的目的只是为了锻炼和规范读者的编程思路和思想。

步骤 3：编写 Servlet 类——ViewAllDepartmentsServlet 类以实现跳转。

定义一个名为 ViewAllDepartmentsServlet 的 Servlet 类，在 doPost( )方法中调用 DepartmentService 的 viewAllDepartments( )方法得到部门列表，保存到 request 作用域中，然后加入一个分支判断语句，判断如果传过来的 code 参数值是 viewalldepartments，则跳转到部门页面 departments. jsp。ViewAllDepartmentsServlet 类的 doPost( )方法实现代码如下：

```
public void doPost( HttpServletRequest request, HttpServletResponse response)throws ServletException, IOException {
        DepartmentService service = new DepartmentService( );
        List<Department> departmentsList = service. viewAllDepartments( );
        request. setAttribute( "departmentsList", departmentsList);
        //接收传过来的 code 参数
        String code = request. getParameter( "code");
        //如果 code 值是 viewalldepartments,跳转到部门页面 departments. jsp。
        if( code! = null&&code. equals( "viewalldepartments") ){
request. getRequestDispatcher( "departments. jsp"). forward( request, response);
        }
    }
```

步骤 4：实现动态页面——修改部门管理页面显示所有部门信息。

显示所有的部门信息，首先要有一个 JSP 页面。修改任务 4.6 的静态页面中与部门管理有关的 HTML 页面，命名为 departments. jsp。接下来需要修改这个部门页面 departments. jsp 文件。

在 ViewAllDepartmentsServlet 类的 doPost( )方法中，部门信息已经保存在 request 请求对象中了。在部门页面中，把保存在 request 请求里的集合对象通过 request. getAttribute( ) 方法取出来，代码如下：

```
<%
    List<Department>departmentsList =
    (List<Department>)request. getAttribute("departmentsList");
%>
```

对取出来的值进行判断，如果非空，说明有部门信息，利用 for 循环迭代显示在部门页面上。页面的每个部门都设置一个"删除"操作，如果不需要这个部门，可以删除该部门。部门管理页面 departments. jsp 部分实现代码如下：

```
<%if(departmentsList! =null){ %>
<table class ="listtable">
    <caption>所有部门:</caption>
    <tr class ="listheader">
        <th>部门编号</th>
        <th>部门名称</th>
        <th>操作</th>
    </tr>
    <% for(Department dept:departmentsList){ %>
    <tr>
        <td><% = dept. getDepartmentid( ) %></td>
        <td><% = dept. getDepartmentname( ) %></td>
        <td>
        <a class ="clickbutton"
            href ="AddDeleteDepartmentServlet?code=delete&departmentid=
            <% =dept. getDepartmentid( ) %>">删除</a>
        </td>
    </tr>
    <% } %>
</table>
<% } %>
```

步骤 5：主页面设置"部门管理"超链接。

在主界面中怎么去查看部门管理页面呢？在主页面 adminleft.jsp 文件中，找到"部门管理"选项，给"部门管理"选项设置超链接，链接到 ViewAllDepartmentsServlet，并且传递的 code 参数值为 viewalldepartments。adminleft.jsp 部分代码如下。

```
<html>
<body>
…
<div class="sidebar-menugroup">
    <div class="sidebar-grouptitle">人员管理</div>
    <ul class="sidebar-menu">
        <li class="sidebar-menuitem">
        <a href="ViewAllDepartmentsServlet
            ?code=viewalldepartments" target="main">部门管理
        </a>
        </li>
        …
    </ul>
</div>
…
</body>
</html>
```

请读者自行完成"添加、删除部门"功能，详见本节的拓展练习 1。

2. 用过滤器判断用户是否登录

过滤器有一个最常见的应用，就是判断是否登录。例如，用户要想进行一些操作，首先进入的都是登录页面，登录之后可以进行部门、人员、会议的一些管理。但是如果有人知道了登录之后的主界面的 URL，直接去查看所有部门信息，添加、删除某个部门或进行其他操作就会有问题。所以要在用户访问其他页面时验证他是否已登录。

目前，网站的管理页面 adminindex.jsp 和员工页面 employeeindex.jsp 等都需要登录后才能够访问，那么可以在这些 JSP 页面中写入登录验证的代码来验证用户是否已登录。但是试想一下，如果说大量的 JSP 都需要登录之后才能够访问的话，在每个 JSP 页面都写相应的验证登录代码会很烦琐，管理起来也比较麻烦。因此可以创建一个过滤器类 Logined-

Filter 去统一验证用户是否登录过。

本模块的实现流程如图 4-41 所示。

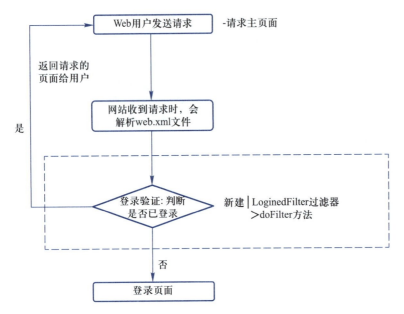

微课 4-14
用过滤器判断
用户是否登录

图 4-41　用过滤器判断是否登录

步骤 1：定义登录过滤器。

首先创建一个名为 LoginedFilter 的过滤器类，让它实现 Filter 接口，在它的 doFilter( )
方法中判断用户是否登录过。判断的方法是在 doFilter( ) 方法中调用 EmployeeService 类的
getLoginedEmployee( ) 方法来判断。

getLoginedEmployee 方法很简单，就是一条 return 语句，返回已登录成功的用户对象。
EmployeeService 类的部分关键代码如下：

```java
public class EmployeeService {
    //Service 类关联 DAO 类
    private EmployeeDAO dao=new EmployeeDAO( );
    //保存登录成功后的 Employee 对象
    private Employee loginedEmployee;
    //EmployeeService 的 getLoginedEmployee 方法
    //返回登录成功后的员工对象
    public Employee getLoginedEmployee( ){
        return loginedEmployee;
    }
```

```
        ...
    }
```

doFilter( )方法中调用该方法如果返回的 Employee 对象是空，表明没有登录，那么保存一个 msg 消息到 request 请求中，转发到登录页面 login. jsp，提示用户登录；否则，调用 FilterChain 对象的 doFilter( )方法，沿着过滤链往下传，请求就会响应。登录过滤器 LoginedFilter 的 doFilter( )方法实现代码如下：

```
public void doFilter(ServletRequest req, ServletResponse res,
        FilterChain chain) throws IOException, ServletException {
    HttpServletRequest request = (HttpServletRequest) req;
    EmployeeService service = new EmployeeService();
    // 得到登录成功的用户对象
    Employee e = service. getLoginedEmployee();
    if(e == null) {
        //保存一个 msg 消息到 request 请求中
        request. setAttribute("msg", "请先登录。");
        //转发到登录页面,提示用户登录
        request. getRequestDispatcher("login. jsp"). forward(req, res);
    }
    //调用 FilterChain 对象的 doFilter()方法,沿着过滤链往下传,请求就会响应
    chain. doFilter(req, res);
}
```

注意：EmployeeService 类的 getLoginedEmployee( )方法返回的是已成功登录的用户对象 loginedEmployee。在任务 4.4 的实现登录步骤中，在用户登录时，会调用 EmployeeService 类的 login 方法，在该方法中，判断用户是否存在，如果存在，用户登录成功，会对 loginedEmployee 对象赋值，否则 loginedEmployee 对象就是空。

步骤 2：配置登录过滤器。

要使用 LoginedFilter 过滤器，必须在项目的 web. xml 文件中进行配置。首先，在 filter 标记中对 LoginedFilter 的过滤器类配置一个过滤器名字为 LoginedFilter。其代码如下：

```
<filter>
    <filter-name>LoginedFilter</filter-name>
    <filter-class>
        com. chinasofti. meeting. filter. LoginedFilter
```

```
        </filter-class>
    </filter>
```

然后在 filter-mapping 标记中对 LoginedFilter 这个过滤器名字配置了两个 url-pattern，分别为 adminindex. jsp 和 employeeindex. jsp。代码如下：

```
<filter-mapping>
    <filter-name>LoginedFilter</filter-name>
    <url-pattern>/adminindex. jsp</url-pattern>
    <dispatcher>REQUEST</dispatcher>
    <dispatcher>INCLUDE</dispatcher>
    <dispatcher>ERROR</dispatcher>
</filter-mapping>
<filter-mapping>
    <filter-name>LoginedFilter</filter-name>
    <url-pattern>/employeeindex. jsp</url-pattern>
    <dispatcher>REQUEST</dispatcher>
    <dispatcher>INCLUDE</dispatcher>
    <dispatcher>ERROR</dispatcher>
</filter-mapping>
```

可见，对一个 Filter 过滤器可以配置多个 url-pattern 来统一过滤不同的请求资源，反过来，对一个 url-pattern 也可以有多个 Filter 过滤器来实现不同功能的过滤处理。

当然，如果需要对所有的 JSP 进行"登录验证"的过滤，url-pattern 值就可以用 *. jsp。读者可以根据实际情况灵活配置 url-pattern 值。

注意：url-pattern 值这里可以设置为" ＊ "，" ＊ "就是对项目所有的访问路径都要进行这样一个过滤。dispatcher 是访问方式：REQUEST 表示直接的请求、超链接、响应重定向；INCLUDE 表示动态的包含；ERROR 表示错误页面；FORWARD 表示请求转发。

下面测试一下"登录验证"过滤器功能。如果不登录直接访问 adminindex. jsp 页面，则直接跳转到登录页面，并提示"请先登录"信息，如图 4-42 所示，表示测试通过。

Web 服务器收到用户请求时，会解析 web. xml 文件，从而清楚过滤器要过滤的文件是 adminindex. jsp 和 employeeindex. jsp。在请求到达这两个页面资源之前，请求会先进入过滤链，也就是在 web. xml 里配置的第一个过滤器 LoginedFilter。在这个过滤器里，可以实现一些业务，通过"登录成功的用户对象"是否为空来判断用户是否已登录，用户没登录，直接跳转到登录页面提示用户登录；如果用户已登录，接着调用 chain. doFilter( )方法，会

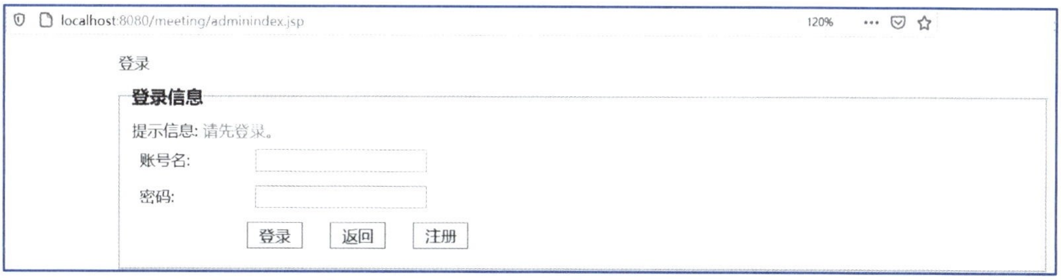

图 4-42 测试登录过滤器

将请求传递给下一个过滤器。这样层层过滤之后，最后一个过滤器调用 chain. doFilter( )方法将请求得到目标页面资源 adminindex. jsp 和 employeeindex. jsp 返回给用户。当然，这里整个过滤链中暂时只有这一个过滤器。

在实际应用中，常常有很多这样的应用，比如一些下载资源，只要单击下载，就会跳转到登录页面上等，都可以用过滤器统一来实现。

请读者自行完成"用过滤器处理中文编码"功能，详见本节拓展练习 2。

3. 优化登录页面

登录页面 login. jsp 是本项目中比较常用的一个页面。该页面需要修改的地方比较少，主要有一个位置需要修改：提示用户登录的"提示信息"。以前的提示信息代码写的比较烦琐，需要判断 msg 是否存在，如果不存在，就不显示任何信息，如果存在，显示出 msg 内容："提示信息"。login. jsp 部分代码如下：

```
<%    String msg = ( String ) request. getAttribute( "msg" ) ;    %>
 <%    if( msg! = null) {    %>
  <tr>
    <td>提示信息：：</td>
    <td><font color = 'red'><% = msg %></font></td>
  </tr>
<% } %>
```

用 EL 表达式修改后代码变得非常简单，只需要使用 ${ requestScope. msg } 这一行代码就可以了。如果不存在，它自然就不会显示。${ requestScope. XX} 操作的是 request 的作用域，相当于 request. getAttribute("XX") ；不过 EL 比这个更智能些，它不用强制类型转换就可以拿到了真实对象的值。

修改后的 login. jsp 部分代码如下：

```
<td>提示信息：</td>
<td><font color='red'> ${ requestScope. msg } </font></td>
```

4. 优化部门页面

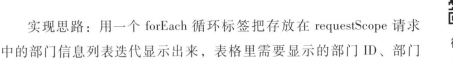

微课 4-15
优化页面

实现思路：用一个 forEach 循环标签把存放在 requestScope 请求中的部门信息列表迭代显示出来，表格里需要显示的部门 ID、部门名使用 EL 表达式。需要注意的是，在使用 forEach 迭代显示部门信息之前，要先对 request 请求中的部门列表用 if 条件标签做一个判断，如果部门列表非空，执行迭代标签 forEach，把部门信息显示在表格里；如果部门列表为空，则不处理。

需要简化的部门页面 department. jsp 部分原始代码如下：

```
<% List<Department> departmentsList =
    ( List<Department>)request. getAttribute( "departmentsList") ; %>
<% if( departmentsList! =null) { %>
<table class="listtable">
  <caption>所有部门：</caption>
  <tr class="listheader">
    <th>部门编号</th>
    <th>部门名称</th>
    <th>操作</th>
  </tr>
  <% for( Department dept；departmentsList) { %>
  <tr>
    <td><% =dept. getDepartmentid( ) %>/td>
    <td><% =dept. getDepartmentname( )%></td>
    <td>
        <a class="clickbutton"
            href="AddDeleteDepartmentServlet? code=delete&departmentid=
            <% =dept. getDepartmentid( ) %>">删除</a>
    </td>
  </tr>
  <% } %>
```

```
</table>
<% } %>
```

步骤 1：替换 JSP 条件判断语句。

之前的部门管理页面代码是先对 request 请求中的部门列表用 if 语句做一个判断，如果部门列表非空，则执行 for 循环，把部门信息循环显示在表格里；如果部门列表为空，则不处理。

在本步骤中用 EL 表达式替换上面原始代码中的 JSP 的 request 请求语句，接着对 request 请求中的部门列表用 JSTL 的 if 条件标签做一个判断，如果部门列表非空，则把部门信息循环显示在表格里；如果部门列表为空，则不处理。替换后的 department. jsp 的部分代码如下：

```
//test 指的是判断的条件
<c:if test = "${ requestScope. departmentsList != null }">
<table class = "listtable">
//循环显示部门列表信息
</table>
</c:if>
```

注意： 使用 JSTL 核心标签，首先需要复制 JSTL 的两个 jar 包 standard. jar 和 jstl. jar 文件到工程/WEB-INF/lib/下，其次在需要用到 JSTL 核心标签的每个 JSP 文件中的头部引用核心标签库，格式如下：

```
<%@ taglib prefix = "c" uri = "http://java. sun. com/jsp/jstl/core" %>
```

详见知识拓展。

步骤 2：替换 JSP 循环语句。

部门管理页面原本是利用在 JSP 小脚本中使用 for 循环显示 request 请求对象中的部门信息，见步骤 1 前面的"部门页面原始代码"。这里用 EL 表达式替换 JSP 的 request 请求语句，同时用一个 JSTL 的 forEach 循环标签把存放在 request 请求中的部门信息列表迭代显示出来。替换后的 department. jsp 部分代码如下：

```
<c:if test = "${ requestScope. departmentsList != null }">
<table class = "listtable">
    …
  <c:forEach var = "dept" items = "${ requestScope. departmentsList }">
  <tr>
```

```
        <td><% = dept. getDepartmentid( ) %></td>
        <td><% = dept. getDepartmentname( )%></td>
        <td>
            <a class = "clickbutton"
                href = " AddDeleteDepartmentServlet?  code = delete&departmentid =
                <% = dept. getDepartmentid( ) %>" >删除</a>
        </td>
    </tr>
    </c:forEach>
</table>
</c:if>
```

步骤 3：替换 JSP 表达式。

之前部门管理页面显示部门信息的表格里需要显示的部门 ID 和部门名是使用 JSP 的表达式来实现的，这里使用 EL 表达式把它们替换掉。例如，将<% = dept. getDepartmentid( ) %>替换成 ${ dept. departmentid }，替换后的 department. jsp 部分代码如下：

```
<c:if test = "${ requestScope. departmentsList ! = null }" >
<table class = "listtable" >
    <caption>所有部门:</caption>
    <tr class = "listheader" >
        <th>部门编号</th>
        <th>部门名称</th>
        <th>操作</th>
    </tr>
    <c:forEach var = "dept" items = "${ requestScope. departmentsList }" >
    <tr>
        <td> ${ dept. departmentid }</td>
        <td> ${ dept. departmentname }</td>
        <td>
            <a class = "clickbutton"
                href = " AddDeleteDepartmentServlet?  code = delete&departmentid =
                ${ dept. departmentid }" >删除</a>
        </td>
```

```
        </tr>
    </c:forEach>
</table>
</c:if>
```

本步骤完成后，部门管理页面中所有 JSP 小脚本和表达式都用 JSTL 和 EL 表达式替换完成。

请读者自行完成"使用 JSTL+EL 优化注册页面"功能，详见本节拓展练习 3。

5. 拓展练习

（1）拓展练习 1

根据前面所学的 JSP+Servlet+JavaBean 技术，完成添加、删除部门功能。实现思路如下：

1）编写添加部门和删除部门的数据访问逻辑。在 DepartmentDAO 类中目前只写了一个方法 selecAll( )，用于把所有的部门信息查询出来。本步骤中需要在 DepartmentDAO 类添加插入和删除的方法。

2）在 DepartmentService 类中，需要编写添加和删除相关的业务方法。

3）在 AddDeleteDepartmentServlet 类中编写控制增加和删除部门的方法。

4）修改部门管理页面 departments.jsp，为"添加"和"删除"按钮提供 URL 链接到 AddDeleteDepartmentServlet。

"添加部门"的效果如图 4-43 和图 4-44 所示。

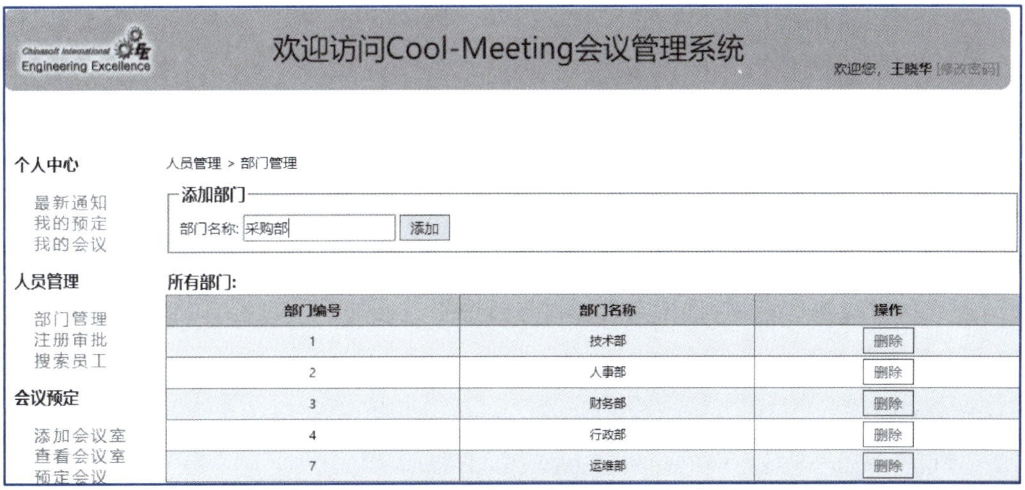

图 4-43　添加"采购部门"

图 4-44　添加"采购部门"成功后的最新部门

单击图 4-44 中的"采购部"右侧的"删除"超链接，即可删除该部门，显示类似图 4-43 的最新部门页面。

（2）拓展练习 2

使用过滤器对用户是否登录进行过滤处理，请用过滤器实现处理中文编码功能。实现思路如下：

1）创建一个名为 CharacterEncodingFilter 的过滤器类，让它实现 Filter 接口，在它的 doFilter（）方法中写上设置请求的中文编码格式。CharacterEncodingFilter 过滤器类的 doFilter 方法关键代码如下：

```
public void doFilter(ServletRequest arg0, ServletResponse arg1,
    FilterChain arg2) throws IOException, ServletException {
    HttpServletRequest request = (HttpServletRequest)arg0;
    request. setCharacterEncoding("utf-8");
    arg2. doFilter(arg0, arg1);
}
```

2）在项目的 web. xml 文件中对过滤器进行配置，这里也取同名的 CharacterEncoding-Filter，主要配置如下：

```
<filter>
    <filter-name>CharacterEncodingFilter</filter-name>
    <filter-class>com. chinasofti. meeting. filter. CharacterEncodingFilter
```

```
    </filter-class>
  </filter>
```

3）在 filter-mapping 标记中通过这个名字，配置一个 url-pattern，值为 "＊"，对所有 jsp 页面进行中文编码过滤设置，配置如下：

```
<filter-mapping>
    <filter-name>CharacterEncodingFilter</filter-name>
    <url-pattern>＊</url-pattern>
    <dispatcher>REQUEST</dispatcher>
    <dispatcher>INCLUDE</dispatcher>
    <dispatcher>ERROR</dispatcher>
    <dispatcher>FORWARD</dispatcher>
</filter-mapping>
```

说明：使用过滤器对中文编码进行统一设置后，之前程序中对中文编码的设置的代码部分都可以删除，如 AddDeleteDepartmentServlet 和 RegisterServlet 里的 "request. setCharacterEncoding("utf-8");" 可以删除掉。

4）以管理员身份登录进行测试，在主界面左侧菜单栏中单击"部门管理"，添加一个"督导部"，测试中文部门信息能否正常显示，如果测试成功，将如图 4-45 所示。

图 4-45　正常显示中文部门"督导部"

（3）拓展练习 3

使用 JSTL+EL 修改登录页面和部门管理页面后，请使用 JSTL+EL 修改优化注册页面。实现思路如下：

1）在输入各个信息的输入框组件的 value 值这里使用 EL 来赋值。EL 表达式语言非常简单，如果是空的，就不会显示。

2）注册页面的部门信息会稍微复杂一些，使用循环迭代标签 forEach 和 if 条件标签。利用 forEach 迭代标签对部门列表进行循环，在循环的过程中如果部门 ID 与用户所在部门 ID 是相同的，就将它选中，否则就不选中。

优化后的 register.jsp 部分参考代码如下：

```
…
<table class="formtable" style="width:50%">
<tr>
    <td>姓名:</td>
    <td><input type="text" id="employeename" name="employeename"
        maxlength="20" value="${param.employeename}"></td>
</tr>
<tr>
    <td>账户名:</td>
    <td><input type="text" id="username" name="username"
        maxlength="20" value="${param.username}" onchange="validate()">
        <div id="validateMessage"></div>
    </td>
</tr>
…
<tr>
    <td>联系电话:</td>
    <td><input type="text" id="phone" name="phone" maxlength="20"
        value="${param.phone}"></td>
</tr>
<tr>
    <td>电子邮件:</td>
```

```
        <td><input type="text" id="email" name="email" maxlength="20"
            value="${param.email}">
        </td>
    </tr>
    <tr>
      <td>所在部门:</td>
      <td>
      <select name="deptid">
        <c:forEach var="department" items="${requestScope.departmentsList}">
          <c:if test="${department.departmentid == param.deptid}">
            <option value="${department.departmentid}" selected>
            ${department.departmentname}</option>
          </c:if>
          <c:if test="${department.departmentid!= param.deptid}">
            <option value="${department.departmentid}">
            ${department.departmentname}</option>
          </c:if>
        </c:forEach>
      </select>
      </td>
    </tr>
    …
    </table>
    …
```

知识小结【对应证书技能】

本任务主要让读者了解新增项目功能模块时如何重新构建 Web 应用,了解过滤器的使用,重点学习 EL 表达式和 JSTL 标签在页面中的应用。通过本任务的学习,读者应当能使用 EL 表达式替代 JSP 脚本表达式,掌握 JSTL 标签实现分支、迭代等逻辑。

本任务知识技能点与等级证书技能的对应关系见表 4-22。

表 4-22　任务 4.6 知识技能点与等级证书技能对应

任务 4.6 知识技能点		对应证书技能		
知识点	技能点	工作领域	工作任务	职业技能要求
1. EL 标签的基本语法 2. EL 标签的隐含对象 3. JSTL 标签	1. 简化动态页面	2. 应用程序代码编写	2.4 JSP 动态网页开发	2.4.3 掌握 EL 与 JSTL 的开发

知识拓展

1. EL 表达式的基础语法

EL（Expression Language，表达式语言）表达式的基本语法格式如下：

$\{EL 表达式\}

EL 表达式可以是字符串或是 EL 运算符组成的表达式。例如：

$\{sessionScope. user. name\}

上述 EL 范例的意思是从 session 取得用户的 name。如不使用 EL，使用 JSP 实现的代码如下：

```
<%
User user=(User)session. getAttribute("user");
String name=user. getName();
%>
```

两者相比较，EL 的语法比传统的 JSP 代码更为方便、简洁。

2. EL 表达式的隐含（内置）对象

EL 表达式的主要功能是进行内容显示。为了显示方便，在表达式语言中提供了许多内置对象，通过不同的内置对象的设置，表达式语言可以输出不同的内容。

EL 支持以下隐含对象：pageScope、requestScope、sessionScope、applicationScope、param、paramValues、header、headerValues、initParam、cookie 以及 pageContext。可以在表达式中使用这些对象，就像使用变量一样。

其中，pageScope、requestScope、sessionScope 和 applicationScope 用来访问存储在各个

作用域层次的变量。

举例来说，如果需要显式访问在 applicationScope 层的 box 变量，可以这样来访问：applicationScope. box。

注意：pageScope、requestScope、sessionScope 和 applicationScope 分别对应于 JSP 的内置对象 page、request、session 和 application。利用 JSP 中对应的作用域发送请求的参数变量，可以用相应的 EL 标签对象获取参数值。

param 和 paramValues 对象用来访问参数值，相当于使用 request. getParameter( )方法和 request. getParameterValues( )方法。

举例来说，访问一个名为 order 的参数，可以使用表达式$\{param. order\}，或者 $\{param["order"]\}。

所有内置对象的归纳见表 4-23，可在使用时查找。

表 4-23　EL 隐含（内置）对象一览表

隐含（内置）对象	类　　型	说　　明
pageContext	javax. servlet. ServletContext	表示 JSP 的 pageContext
pageScope	java. util. Map	取得 page 范围的属性名称所对应的值
requestScope	java. util. Map	取得 request 范围的属性名称所对应的值
sessionScope	java. util. Map	取得 session 范围的属性名称所对应的值
applicationScope	java. util. Map	取得 application 范围的属性名称所对应的值
param	java. util. Map	如同 ServletRequest. getParameter（String name），返回 string[ ]类型的值
param Values	java. util. Map	如同 ServletRequest. getParameterValues（String name），返回 string[ ] 类型的值
header	java. util. Map	如同 ServletRequest. getHeader（String name），返回 string[ ]类型的值
header Values	java. util. Map	如同 ServletRequest. getHeaders（String name），返回 string[ ]类型的值
cookie	java. util. Map	如同 HttpServletRequest. getCookies( )
initParam	java. util. Map	如同 ServletContext. getInitParameter（String name），返回 string[ ]类型的值

3. EL 标签的操作符

EL 表达式定义了许多运算符，如算术运算符、关系运算符、逻辑运算符等，使用这些运算符，将使得 JSP 页面更加简洁。因此，复杂的操作可以使用 Servlet 或 JavaBean 完成，而简单的内容则可以使用 EL 提供的运算符。

在运算符参与混合运算的过程中，优先级见表 4-24（由高至低，由左至右）。

表 4-24 运算符参与混合运算时的优先级

优先级	运算符
1	[ ]
2	( )
3	-（负）、not、!、empty
4	*、/、div、%、mod
5	+、-（减）
6	<、>、<=、>=、lt、gt、le、ge
7	==、!=、eq、ne
8	&&、and
9	||、or
10	${A? B:C}

其中，eq 表示等于，ne 表示不等于，lt 表示小于，gt 表示大于，le 表示小于等于，ge 表示大于等于。

EL 提供"."（点操作）和 [ ] 两种运算符来实现数据存取运算。"."（点操作）和 [ ] 是等价的，可以相互替换。例如，下面两者所代表的意思是一样的：

${sessionScope. user. sex}

等价于

${sesionScope. user["sex"]}

但是，需要保证要取得对象的那个属性有相应的 setXxx( ) 和 getXxx( ) 方法才行。

有时"."和 [ ] 也可以混合使用。例如：

$\{sessionScope. shoppingCart[0]. price\}$

注意： 下面两种情况下，"."（点操作）和[]不能互换。

1）当要存取的数据名称中包含不是字母或数字的特殊字符时，只能使用[]。例如：

$\{sessionScope. user. ["user-sex"]\}$

不能写成

$\{sessionScope. user. user-sex\}$

2）当取得的数据为动态值时，只能使用[]。例如：

$\{sessionScope. user[param]\}$

其中，param 是自定义的变量，其值可以是 user 对象的 name、sex 或 age 等属性。

4. JSTL 标签

JSP 标准标签库（Java Server Pages Standard Tag Library）是一个 JSP 标签集合，封装了 JSP 应用的通用核心功能。JSTL 支持通用的、结构化的任务，如迭代、条件判断、XML文档操作、国际化标签及 SQL 标签。除了这些，它还提供了一个框架来使用集成 JSTL 的自定义标签。根据 JSTL 标签所提供的功能，可以将其分为 5 个类别：核心标签、格式化标签、SQL 标签、XML 标签及 JSTL 方法。

本任务中涉及的 JSTL 知识是 JSTL 库的安装和 JSTL 部分核心标签。JSTL 核心标签也是项目中使用的最多的 JSTL 标签。

（1）JSTL 库的安装和 JSTL 标签的使用

在 Apache Tomcat 中安装 JSTL 库的步骤如下：

微课 4-16
JSTL 标签示例

1）从 Apache 的标准标签库中下载压缩包。官方下载地址为 http://archive. apache. org/dist/jakarta/taglibs/standard/binaries/。

2）下载并解压后，将/lib/文件夹下的两个 jar 文件 standard. jar 和 jstl. jar 复制到/WEB-INF/lib/文件夹下。

使用任何 JSTL 标签库，都必须在每个 JSP 文件中的头部包含<taglib>标签。引用核心标签库的语法如下：

```
<%@ taglib prefix="c" uri="http://java. sun. com/jsp/jstl/core" %>
```

核心标签分 3 种：通用标签、条件标签和迭代标签。本任务中使用了条件标签——if 标签和迭代标签——forEach 标签。下面通过案例分别介绍这两个标签的用法。

（2）核心标签中的条件标签——if 标签

if 标签的用法为<c:if>，其作用与一般程序中用的 if 一样。

例如，根据输入的成绩，对学生评级优秀或良好。代码如下：

```
<!-- if 标签的用法 -->
<form action="index.jsp" method="post">
    <!-- param 为 EL 的隐式对象,获取用户输入的值 -->
    <input type="text" name="score" value="${param.score}">
    <input type="submit" value="提交">
</form>
<!-- var 中的变量为 boolean 类型,取决于 test 中的表达式 -->
<c:if test="${param.score >= 90}" var="grade" scope="session">
    <c:out value="恭喜,成绩优秀"></c:out>
</c:if>
<c:if test="${param.score >= 80 && param.score < 90}">
    <c:out value="恭喜,成绩良好"></c:out>
</c:if>
<c:out value="${sessionScope.grade}"></c:out>
```

输出结果如图 4-46 所示。

（3）核心标签中的迭代标签——forEach 标签

forEach 标签的用法为<c:forEach>，其作用是对于包含了多个对象的集合进行迭代，重复执行它的标签体，或者重复迭代固定的次数。该标签接受多种集合类型。

图 4-46　实例输出结果

例如，循环输出集合中的数据。代码如下：

```
<!-- forEach 标签的用法 -->
<%
    List<String> names = new ArrayList<String>();
    names.add("liu");
    names.add("xu");
    names.add("Code");
```

```
        names. add("Tiger");
        request. setAttribute("names", names);
%>
<!--获取全部值 -->
<c:out value="========获得全部值================"></c:out>
<c:forEach var="name" items = "${requestScope. names}">
        <c:out value="${name}"></c:out><br>
</c:forEach>
<!--获取部分值 -->
<c:out value="========获取部分值 ================"></c:out>
<c:forEach var="name" items = "${requestScope. names}" begin="1" end="3">
        <c:out value="${name}"></c:out><br>
</c:forEach>
<!--获取部分值并指定步长-->
<c:out value="========获取部分值并指定步长=========="></c:out>
<c:forEach var="name" items = "${requestScope. names}" begin="1" end="3"
        step = "2">
            <c:out value="${name}"></c:out><br>
</c:forEach>
<!--获取部分值并指定 varStatus-->
<c:out value="========获取部分值并指定 varStatus================">
</c:out>
<c:forEachvar="name"items="${requestScope. names}" begin="0"
    end="3"  varStatus="n">
        <c:out value="${name}"></c:out><br>
        <c:out value="index:${n. index}"></c:out><br>
        <c:out value="count:${n. count}"></c:out><br>
        <c:out value="first:${n. first}"></c:out><br>
        <c:out value="last:${n. last}"></c:out><br>
        <c:out value="-----------------"></c:out><br>
</c:forEach>
```

输出结果如下：

＝＝＝＝获得全部值＝＝＝＝＝＝＝＝	＝＝＝＝获取部分值并指定 varStatus ＝＝
liu	liu
xu	index：0
Code	count：1
Tiger	first：true
＝＝＝＝获取部分值 ＝＝＝＝＝＝＝＝	last：false
xu	————————
Code	xu
Tiger	index：1
＝＝＝＝获取部分值并指定步长＝＝＝	count：2
xu	first：false
Tiger	last：false
	————————
	Code
	index：2
	count：3
	first：false
	last：false
	————————
	Tiger
	index：3
	count：4
	first：false
	last：true
	————————

注意： 上面的 varStatus 属性有 index、count、first 和 last 这几个状态。

5. 其他核心标签

核心标签是最常用的 JSTL 标签。虽然在本任务中，主要使用了 JSTL 核心标签中的分支 if、迭代 forEach 这样的控制流程标签，但是 JSTL 其他的核心标签也都比较常用。所有核心标签及其功能说明见表 4-25。

表 4-25 JSTL 核心标签及其功能说明

核 心 标 签	标 签 名	说 明
通用标签	<c:set>	用于在某个范围（Request、Session、Application 等）中设置某个值，或者设置某个对象的属性
	<c:remove>	用于删除某个变量或者属性
	<c:out>	计算一个表达式并将结果输出到当前的 JSPWrite 对象
	<c:catch>	将可能抛出异常的代码放置在<c:catch>和</c:catch>之间，如果其中的代码抛出异常，异常将被捕获
条件标签	<c:if>	实现 Java 语言中 if 语句的功能
	<c:choose> <c:when> <c:otherwise>	一起实现互斥条件的执行，类似于 Java 语言的 if/else 语句
迭代标签	<c:forEach>	对于包含了多个对象的集合进行迭代，重复执行它的标签体，或者重复迭代固定的次数
	<c:forTokens>	用于迭代字符串中由分隔符的各个成员

其中，if 标签和 forEach 标签已经在上面介绍过了，接下来，通过实例介绍其他核心标签的具体用法。

（1）out 标签

作用：用于在 JSP 中显示数据，相当于<% = … >。

实例：

```
<!--直接输出常量 -->
<c:out value="第一个 JSTL 小程序"></c:out>
<%
    String name = "CodeTiger";
    request.setAttribute("name", name);
%>
<!--使用 default 属性,当 name1 的属性为空时,输出 default 属性的值-->
<c:out value="${name1}" default="error"></c:out><br>
<!--使用 escapeXml 属性,设置是否对转义字符进行转义,默认为 true 不转义-->
<c:out value="&lt;CodeTiger&gt;" escapeXml="false"></c:out><br>
```

输出结果如下：

第一个 JSTL 小程序

error

\<CodeTiger>

（2）set 标签

作用：保存数据。

实例：

```
<!--通过 set 标签存值到 scope 中,其中 var 是变量的名称,value 是变量的值,scope 表
示把变量存在哪个 scope 中 -->
<c:set var="person1" value="CodeTiger" scope="page"></c:set>
<c:out value="${person1}"></c:out><br>
<!--也可以把 value 的值放在两个标签之间 -->
<c:set var="person2" scope="session">liu</c:set>
<c:out value="${person2}"></c:out><br>
<!--通过 set 标签为 JavaBean 里的属性赋值,首先创建一个 JavaBean-->
<c:set target="${people}" property="username" value="CodeTiger"></c:set>
<c:set target="${people}" property="address" value="NJUPT"></c:set>
<c:out value="${people. username}"></c:out>  
<c:out value="${people. address}"></c:out><br>
```

输出结果如下：

CodeTiger

liu

CodeTiger　　NJUPT

（3）remove 标签

作用：删除数据。

实例：

```
<!-- remove 标签的用法 -->
<c:set var="firstName" value="xiaop"></c:set>
<c:out value="${firstName}"></c:out>
<c:set var="lastName" value="liu"></c:set>
<!--只能 remove 某个变量,不能 remove 掉 JavaBean 里的属性值 -->
```

```
<c:remove var="lastName"/>
<c:out value="${lastName}"></c:out><br>
```

输出结果如下:

```
xiaop
```

(4) catch 标签

作用: 处理产生错误的异常状况, 并且将错误信息储存起来。

实例:

```
<!-- catch 标签的用法 -->
<c:catch var="error">
    <!--随便使用一个没有定义的 JavaBean-->
    <c:set target="${Code}" property="Tiger">CodeTiger</c:set>
</c:catch>
<c:out value="${error}"></c:out><br>
```

输出结果如下:

```
javax. servlet. jsp. JspTagException
```

(5) choose、when 和 otherwise 标签

作用: 这 3 个标签类似 Java 语言中的 switch、case 和 default。

choose: 本身只当作<c:when>和<c:otherwise>的父标签。

when: <c:choose>的子标签, 用来判断条件是否成立。

otherwise: <c:choose>的子标签, 接在<c:when>标签后, 当<c:when>标签判断为 false 时被执行。

实例:

```
<!--注意:代码接上面讲解 if 标签案例中的 form 表单-->
<!-- choose,when,otherwise 标签的用法 -->
<c:choose>
    <c:when test="${param. score >= 90 && param. score <= 100}">
        <c:out value="优秀"></c:out>
    </c:when>
    <c:when test="${param. score >= 80 && param. score < 90}">
        <c:out value="良好"></c:out>
    </c:when>
```

```
<c:when test="${param.score >= 70 && param.score < 80}">
    <c:out value="中等"></c:out></c:when>
<c:when test="${param.score >= 60 && param.score < 70}">
    <c:out value="及格"></c:out>
</c:when>
<c:when test="${param.score >= 0 && param.score < 60}">
    <c:out value="不及格"></c:out>
</c:when>
<c:otherwise>
    <c:out value="输入的分数不合法"></c:out>
</c:otherwise>
</c:choose>
<c:choose>
    <c:when test="${param.score == 100}">
        <c:out value="您是第一名"></c:out>
    </c:when>
</c:choose><br>
```

输出结果如图 4-47 和图 4-48 所示。

图 4-47　输入分数不合法　　　　图 4-48　输出优秀

（6）forTokens 标签

作用：根据指定的分隔符来分隔内容并迭代输出。

实例：

```
<!-- forTokens 标签的使用 -->
<c:forTokens items="010-12345-678" delims="-" var="num">
    <c:out value="${num}"></c:out><br>
</c:forTokens>
```

输出结果如下：

```
010
12345
678
```

注意：在 JSP 页面中使用 JSTL 核心标签一定要记得在 JSP 页面头部引入核心标签库 <%@ taglib prefix = "c" uri = "http://java. sun. com/jsp/jstl/core" %>，以免出错。

任务 4.7　实现人员管理模块

任务描述

本任务通过自动登录、搜索员工和网站次数统计 3 个子任务，使学生掌握 Cookie、分页、ServletContext 等知识。主要的功能包括以下几个模块：

1）实现员工的自动登录。员工登录成功后可以选择在一定时间内不再手动登录，在这段时间内访问网站，可以自动登录。

2）搜索已经注册的员工。可以通过姓名、用户名和状态（审核通过或不通过）为查询条件对员工进行搜索，这 3 个条件如果某一项为空，表示该项不作为查询条件。此外，还需要对查询结果进行分页显示。本任务的难点是搜索员工时查询条件的设置和查询结果的分页。

3）对网站人员访问次数进行统计。

知识准备

在学习 Java Web 开发的过程中，需要掌握 Session、Cookie、ServletContext 这 3 个接口的使用方法和分页技术。本任务会使用到 Cookie、ServletContext 接口和分页。分页技术没有额外的新语法，只是体现在思维逻辑和编码技巧上。Session 的相关知识介绍见知识拓展，有兴趣的读者可以自行学习。

1. Cookie 接口

（1）Cookie 简介

HTTP 是无连接、无状态的单向协议，即服务器端不能主动连接浏览器端，只能等待并答复浏览器端的请求。浏览器端连接服务器端，发出一个 HTTP 请求，服务器端处理请求，并返回一个 HTTP 响应给浏览器端。至此，本次会话结束。

微课 4-17
Cookie 使用示例

从这一过程中可以看出，HTTP 本身并不支持服务端保存浏览器端的状态等信息。Cookie 的出现可以弥补 HTTP 无状态的不足。Cookie 的工作原理是给浏览器端们颁发一个通行证，每个浏览器端一个，无论谁访问都必须携带自己通行证。这样服务器端就能从通行证上确认客户身份了。Cookie 实际上是存储在客户机上的文本文件，它们保存了大量轨迹信息。在 Servlet 技术基础上，JSP 显然能够提供对 HTTP Cookie 的支持。

通常用 3 个步骤来识别访问过的浏览器端：

1）服务器脚本发送一系列 Cookie 至浏览器，如名字、年龄及 ID 号码等。

2）浏览器在本地计算机中存储这些信息，以备不时之需。

3）当下一次浏览器发送请求至服务器时，它会同时将这些 Cookie 信息发送给服务器，然后服务器使用这些信息来识别用户或者获取其他信息。

（2）使用 JSP 设置 Cookie 的 3 个步骤

1）创建一个 Cookie 对象。调用 Cookie 的构造方法，使用一个 Cookie 名称和值做参数，它们都是字符串。

```
Cookie cookie = new Cookie("key","value");
```

2）设置有效期。调用 setMaxAge()方法表明 Cookie 在多长时间（以秒为单位）内有效。下面的操作将有效期设为 24 小时：

```
cookie.setMaxAge(60 * 60 * 24);
```

3）将 Cookie 发送至 HTTP 响应头中。调用 response.addCookie()方法来向 HTTP 响应头中添加 Cookie。

```
response.addCookie(cookie);
```

（3）读取 Cookie

想要读取 Cookie，需要调用 request.getCookies()方法来获得一个 javax.servlet.http.Cookie 对象的数组，然后遍历这个数组，使用 getName()方法和 getValue() 法来获取每一个 Cookie 的名称和值。

（4）删除 Cookie

如果想要删除一个 Cookie，按照下面给的步骤即可：

1）获取一个已经存在的 Cookie，然后存储在 Cookie 对象中。

2）将 Cookie 的有效期设置为 0。

3）将这个 Cookie 重新添加进响应头中。

2. ServletContext

（1）ServletContext 简介

上下文对象 ServletContext 是 Servlet 中的全局存储信息，当服务器启动时，Web 容器为 Web 应用创建唯一的 ServletContext 对象，应用内的 Servlet 共享一个 ServletContext。可以认为在 ServletContext 中存放着共享数据，应用内的 Servlet 可以通过 ServletContext 对象提供的方法获取共享数据。ServletContext 对象只有在 Web 应用被关闭的时候才销毁。

（2）使用 ServletContext 的步骤

1）创建 ServletContext 对象。通过调用 getServletContext( ) 方法可得到 ServletContext 对象，代码如下：

```
//获得上下文对象
ServletContext ctxt = this. getServletContext( );
```

2）存储信息到 ServletContext 对象。使用 ServletContext 对象的 setAttribute( ) 方法存入信息，代码如下：

```
//判断上下文对象中是否存在 num,不存在的话存入上下文对象
int num = 20;
if( ctxt. getAttribute( "num" ) = = null) {
    ctxt. setAttribute( "visitcount" , num) ;
}
```

3）读取 ServletContext 对象的信息。使用 ServletContext 对象的 getAttribute( ) 方法取出信息，强制转成实际的数据类型。代码如下：

```
//判断上下文对象中是否存在 num,存在则取出使用
if( ctxt. getAttribute( "num" ) ! = = null) {
    visitcount = Integer. parseInt( ctxt. getAttribute( "num" ). toString( ) ) ;
}
```

任务实施

1. 人员自动登录

微课 4-18
实现自动登录

"自动登录"功能实现相对比较简单，主要增加的 Java 代码有两处：一处是定义一个过滤器 LoginCookieFilter 来过滤登录页面；另外一处是修改 LoginServlet，保存登录信息到 Cookie。

1）先定义一个 LoginCookieFilter 过滤器类来过滤登录页面 login. jsp。这个过滤器的功能主要是检查目前的请求里有没有 Cookie 对象，以及 Cookie 中有没有已经存在的、存好的用户名和密码，如果有的话，就直接把它转发到 LoginServlet 里边去进行登录验证。

2）修改 LoginServlet，主要来判断前面的用户是否选择了"一定时间"内不用重新输入用户名、密码登录，如果用户选择了就需要把 Cookie 保存起来，否则的话就直接登录。

3）简单修改登录页面，增加一个可用来输入"自动登录有效时长"的选择框。

说明：也可以不使用过滤器，直接在 JSP 上写脚本来实现自动登录。但是如果在 JSP 上写大量的 Java 脚本，结构不够明朗，维护起来也比较麻烦。使用过滤器可以通过配置来实现一些过滤功能，结构清晰且便于维护。

该功能的实现流程如图 4-49 所示。

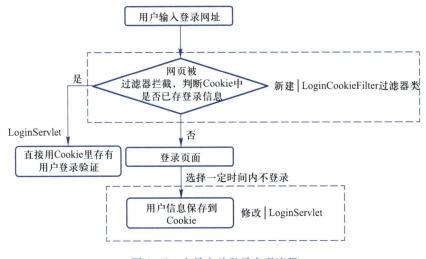

图 4-49　人员自动登录实现流程

步骤 1：用过滤器判断是否自动登录。

定义过滤器类 LoginCookieFilter 实现 Filter 过滤器接口。把实现过滤登录页面 login. jsp 的代码放在 LoginCookieFilter 类的 doFilter( )方法中。

1）先获取请求中所有 Cookie 对象，若 Cookie 对象不为空，取出名为 username 和 password 的 Cookie（分别保存了登录的用户名和密码）。

2）如果取出来的值为空，表示不存在该用户对应的 Cookie，则转到登录页面。

3）如果取出来的值非空，表示存在有保存有用户名和密码的 Cookie，则直接到 Login-Servlet 去验证和登录，这时不用用户输入用户名和密码了，实现了自动登录。

LoginCookieFilter 类的 doFilter 方法代码如下：

```
public void doFilter(ServletRequest arg0, ServletResponse arg1,
        FilterChain arg2) throws IOException, ServletException {
    HttpServletRequest request = (HttpServletRequest)arg0;
    String username = null;
```

```
        String password＝null；
        //先获取所有请求中所有 Cookie 对象
        Cookie[] cookies＝request. getCookies()；
        if(cookies!＝null){
            for(Cookie cookie；cookies){
                //查找名字是 username，password 的 Cookie
                if(cookie. getName(). equals("username")){
                    username＝cookie. getValue()；
                }
                if(cookie. getName(). equals("password")){
                    password＝cookie. getValue()；
                }
            }
        }
        //如果不存在 Cookie，转到登录页面
        if(username＝＝null||password＝＝null){
            arg2. doFilter(arg0，arg1)；
        }else{
        //存在有保存有用户名和密码的 Cookie，则直接到 LoginServlet 去登录，这时就不
    用用户输入用户名和密码了
            request. getRequestDispatcher("LoginServlet? username＝"+username+"&pwd＝"
            +password). forward(arg0，arg1)；
        }
    }
}
```

实现了 LoginCookieFilter 类后，要在项目的 web. xml 文件中对 LoginCookieFilter 过滤器进行配置才能使用。在 web. xml 中通过<filter-name>LoginCookieFilter</filter-name>配置了名为 LoginCookieFilter 的过滤器，来过滤<url-pattern>标记中指示的登录页面 login. jsp。

因此，当访问登录页面 login. jsp 时，先把这个请求交给登录过滤器 LoginCookieFilter，检查有没有存在保存用户名和密码的 Cookie，根据返回的结果来决定是否执行自动登录的操作。

```
<filter>
    <filter-name>LoginCookieFilter</filter-name>
    <filter-class>com. chinasofti. meeting. filter. LoginCookieFilter</filter-class>
```

```
    </filter>
<filter-mapping>
    <filter-name>LoginCookieFilter</filter-name>
    <url-pattern>/login. jsp</url-pattern>
    <dispatcher>REQUEST</dispatcher>
    <dispatcher>INCLUDE</dispatcher>
    <dispatcher>ERROR</dispatcher>
</filter-mapping>
```

步骤 2：用 Cookie 保存登录信息。

如何把登录信息存入 Cookie 呢？这时需要修改 LoginServlet，增加把登录信息存入 Cookie 的代码。

1）在 LoginServlet 类的 doPost 方法中，从 request 请求对象中获得用户设置的登录有效时间参数。如果时间参数为 0，不保存登录的用户名和密码；如果时间参数不为零，将用户名和密码分别以名为 username 和 password 的 Cookie 对象进行保存。

说明：因为在 LoginServlet 中以 username 和 password 这两个名字把登录信息保存在 Cookie 中，所以在上面步骤 1 的过滤器 LoginCookieFilter 类中查看登录信息时，要查找名为 username 和 password 的 Cookie 对象。

2）设置用户名和密码这两个 Cookie 对象的最大有效时间为用户在登录界面中设置的那个登录有效时间。

3）把设置好的两个 Cookie 对象添加到 response 响应对象中。

修改后的 LoginServlet 的 doPost 方法的代码如下：

```java
public void doPost( HttpServletRequest request, HttpServletResponse response)
                throws ServletException, IOException {
    //获得 JSP 页面的请求参数
    String username = request. getParameter( "username") ;
    String password = request. getParameter( "pwd") ;
    //获得 JSP 页面的时间信息
    String timelength = request. getParameter( "timelength") ;
    int days = 0;
    if( timelength! = null) {
        days = Integer. parseInt( timelength) ;
    }
```

```
        if(days!=0) {
            //将用户名和密码作为 cookie 对象进行保存
            Cookie usernamecookie=new Cookie("username",username);
            Cookie passwordcookie=new Cookie("password",password);
            usernamecookie.setMaxAge(days*24*3600);
            passwordcookie.setMaxAge(days*24*3600);
            response.addCookie(usernamecookie);
            response.addCookie(passwordcookie);
        }
        …
    }
```

步骤 3：简单修改登录页面。

1）加入一个选择框，每次都需要登录时，有效时间 timelength 默认设置为 0。

2）如果员工在选择框中选择"10 天内"，表示设置登录有效时间 timelength 为 10 天。如果员工选择"30 天内"，表示设置登录有效时间 timelength 为 30 天。

注意：这个 timelength 就是传递给 LoginServlet 的时间参数。步骤 2 中的 LoginServlet 就是根据这个时间参数来判断是否自动登录的。

登录页面 login.jsp 新增的代码如下：

```
<table class="formtable" style="width:50%">
…
<tr>
<td>
    <select id="timelength" name="timelength">
        <option value="0" selected>每次都需要登录</option>
        <option value="10">10 天内</option>
        <option value="30">30 天内</option>
    </select>
 </td>
</tr>
</table>
```

下面测试一下自动登录效果。进入登录页面，输入用户名、密码，登录方式选择"10 天内"，如图 4-50 所示。

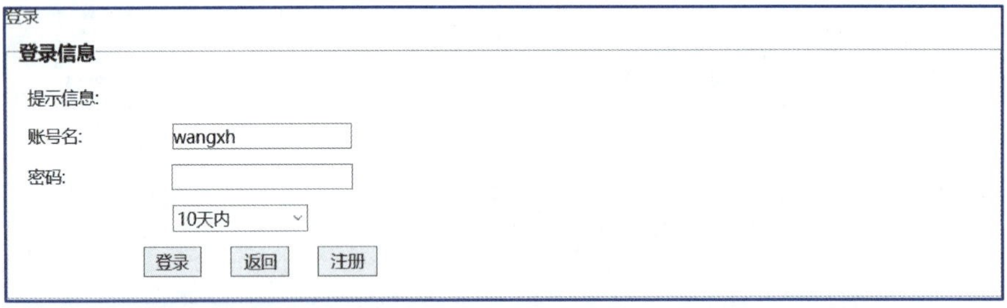

图 4-50 登录界面

单击"登录"按钮，如图 4-51 所示，表示登录成功。

图 4-51 登录成功

关闭该浏览器后再重新打开，模拟该用户再一次访问。打开网站地址，不需要登录就直接进入到上面这个登录成功后的主界面了。

注意： 如果把计算机系统的时间设置成 10 天以后的时间，再次打开网站，出现的是登录界面，而不是自动登录进入主界面了。这是因为这时 Cookie 对象已经失效，所以需要重新登录。

2. 搜索员工

在搜索员工页面 searchemployees. jsp 中输入姓名、用户名和状态作

微课 4-19
实现搜索员工
操作

为查询条件，单击"查询"按钮，调用 SearchEmployeesServlet 类的 doPost 方法执行查询，把查询到的结果以分页的形式显示在搜索员工页面 searchemployees. jsp 中。

该功能的实现流程如图 4-52 所示。

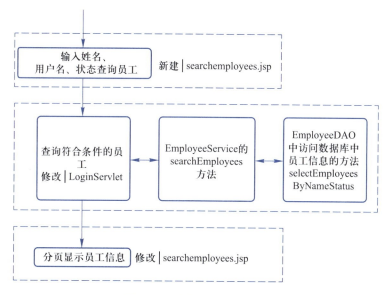

图 4-52　搜索员工实现流程

步骤 1：实现 DAO 类的访问员工信息的方法。

要实现对员工的搜索功能，需要在 EmployeeDAO 类中添加访问数据库中员工信息的方法 selectEmployeesByNameStatus( )，实现可以通过姓名、用户名和用户状态这 3 个字段的任意几个作为查询条件对员工进行搜索。注意，编写的过程中需要生成正确的 SQL 语句对空值进行处理。

selectEmployeesByNameStatus( ) 方法的参数是字符串类型的姓名、用户名和状态信息，这 3 个参数也是查询的条件。该方法的主要实现过程如下：

1）定义 3 个字符串变量分别保存针对名字、用户名和状态的搜索条件。

2）定义 1 个名为 sql 的字符串变量表示查询员工的 SQL 语句，把针对名字、用户名和状态的搜索条件连接在查询员工的语句后面拼接成一个最终的查询语句赋值给 sql，构成了查询员工的 SQL 语句的同时也实现了对传过来的某个搜索条件是空值的处理。

3）利用 JDBC 编程实现从数据库中的查询员工数据。

EmployeeDAO. java 类中 selectEmployeesByNameStatus 方法的代码如下：

```
//根据姓名、用户名、状态，查询当前页的员工信息，返回到集合中
  public List<Employee> selectEmployeesByNameStatus( String employeename, String user-
name, String status, int start, int end) {
```

```
conn = ConnectionFactory. getConnection( );
List<Employee> employeeslist = new ArrayList<Employee>( );
Employee employee = null;
try {
    PreparedStatement st = null;
    String sql = null;
    //定义三个字符串变量分别保存针对名字、用户名和状态的搜索条件
    String usernamesql,employeenamesql,statussql;
    //如果名字是空的,表示没有传过来名字,employeenamesql 设置为空
    if( employeename = = null || employeename. equals( " " ) ) {
    employeenamesql = " ";
} else {
    /*如果名字非空,表示传过来名字,把名字作为搜索条件赋值给 employ-
eenamesql 字符串变量*/
    employeenamesql = " and employeename = '" + employeename + "'";
}
    if( username = = null || username. equals( " " ) ) {
        usernamesql = " ";
    } else {
        usernamesql = " and username = '" + username + "'";
    }
    if( status = = null || status. equals( " " ) || status. equals( "3" ) ) {
        statussql = " ";
    } else {
        statussql = " and status = '" + status + "'";
    }
    //role = '2' 表示是查询员工信息,2 表示员工角色
    sql = " select  *  from Employee where role = '2' " + usernamesql + employeenamesql +
        statussql;
    st = conn. prepareStatement( sql );
    ResultSet rs = st. executeQuery( sql );
    while( rs. next( ) ) {
        employee = new Employee( );
```

```
                employee. setEmployeeid( rs. getInt( "employeeid" ) ) ;
                employee. setEmployeename( rs. getString( "employeename" ) ) ;
                employee. setUsername( rs. getString( "username" ) ) ;
                employee. setPhone( rs. getString( "phone" ) ) ;
                employee. setEmail( rs. getString( "email" ) ) ;
                employee. setStatus( rs. getString( "status" ) ) ;
                employee. setDepartmentid( rs. getInt( "departmentid" ) ) ;
                employee. setPassword( rs. getString( "password" ) ) ;
                employee. setRole( rs. getString( "role" ) ) ;
                    employeeslist. add( employee) ;
                }
            } catch (SQLException e) {
                    e. printStackTrace( ) ;
            } finally {
                ConnectionFactory. closeConnection( ) ;
            }
            return employeeslist;
        }
```

步骤 2：实现查询操作。

步骤 1 中在 EmployeeDAO 类添加了访问数据库中员工信息的方法。为了整个项目的统一性，和之前一样，所有的业务逻辑都放在对应的 service 类中，所以本步骤先在 EmployeeService 类中添加 searchEmployees( )方法，把姓名、用户名和状态作为参数，该方法就是来调用 EmployeeDAO 类的 selectEmployeesByNameStatus( )方法，返回符合查询条件的员工列表。EmployeeDAO 类的 searchEmployees( )方法代码如下：

```
//查询所有记录集合
public List<Employee> searchEmployees( String employeename, String username,
            String status) {
    List<Employee> list = dao. selectEmployeesByNameStatus( employeename,
    username, status) ;
    countOfEmployees = list. size( ) ;
    return list;
}
```

再创建一个 SearchEmployeesServlet 类，在 doPost( )方法中获取用户输入的查询条件，即先把页面传过来的员工、用户名和状态参数信息取出来，调用 EmployeeService 的业务逻辑方法 searchEmployees( )查询员工，得到结果集，并保存到 request 请求的属性中，然后转发到相应的 searchemployees. jsp 中。

request 请求中还存了一个名为"search"的属性，用来是否显示结果表格。如果值为 1 就是显示表格。

SearchEmployeesServlet 类的 doPost( )方法的代码如下：

```
public void doPost( HttpServletRequest request, HttpServletResponse response)
        throws ServletException, IOException {
    //获取输入的查询条件
    String employeename = request. getParameter("employeename");
    String username = request. getParameter("username");
    String status = request. getParameter("status");
    /* 调用 EmployeeService 的业务逻辑方法 searchEmployees( )查询员工,得到结果
集,存入 request 请求中,跳转到 JSP 页面 */
    EmployeeService service = new EmployeeService( );
    List<Employee> list = service. searchEmployees(employeename, username, status);
    request. setAttribute("employeesList", list);
    request. setAttribute("search", "1");//是否显示结果表格,search = 1 表示显示
    request. getRequestDispatcher("searchemployees. jsp"). forward(request, response);
}
```

searchemployees. jsp 页面的主要作用是把搜索出来的员工信息显示出来，可以使用 JSTL+EL 显示查询结果。姓名、用户名和状态是用户输入的查询条件，用 EL 的 param 对象获得。用 EL 的 requestScope 对象获取保存的 search 值，当值为 1 时，表示是有查询结果的。当显示查询结果时，页面中的分页代码暂时用的静态代码，所有分页的相关数据都是"写死"的，暂时不用管分页的静态代码，后面会实现分页。

在查询结果时，用 forEach 循环迭代标签把用 EL 的 requestScope 对象保存的员工信息结果集 employeesList 取出来，然后通过 EL 表达式循环显示出每位员工名字、用户名、电话和邮箱信息。员工的账号状态这里要用 JSTL 的 if 条件标签结合 EL 表达式来判断员工的状态后，再显示"账号已关闭"或"关闭账号"。

需要注意的是，JSP 页面中前面的查询条件，姓名、账号名、状态输入框中的 value 值都是用 EL 的 param 对象来写的。这样写的好处是后面实现翻页时，这些选择条件都能

够被保存。另外，因为状态值是 0、1、2、3，不能直接把这些数值显示出来。所以还要利用 if 条件标签对状态值进行判断来决定显示"已批准""待审批""已关闭"和"全部"4 个文字状态信息中的一个。

searchemployees. jsp 部分的关键代码如下：

```
<form method = "post" action = "SearchEmployeesServlet">
    <fieldset>
    <legend>搜索员工</legend>
      <table class = "formtable">
        <tr>
        <td>姓名:</td>
        <td>
            <input type = "text" id = "employeename" name = "employeename"
                value = "${param. employeename}" maxlength = "20"/>
        </td>
        <td>账号名:</td>
        <td>
            <input type = "text" id = "username" name = "username"
            value = "${param. username}" maxlength = "20"/>
        </td>
        <td>状态:</td>
        <td>
        <c:if test = "${param. status eq null or param. status eq 3}">
            <input type = "radio" id = "status" name = "status" value = "1" />
            <label>已批准</label>
            <input type = "radio" id = "status" name = "status" value = "0"/>
            <label>待审批</label>
            <input type = "radio" id = "status" name = "status" value = "2"/>
            <label>已关闭</label>
            <input type = "radio" id = "status" name = "status" value = "3"/ checked>
            <label>所有</label>
        </c:if>
        <c:if test = "${param. status eq '1'}">
            <input type = "radio" id = "status" name = "status" value = "1" checked/>
```

```
        <label>已批准</label>
        <input type="radio" id="status" name="status" value="0"/>
        <label>待审批</label>
        <input type="radio" id="status" name="status" value="2"/>
        <label>已关闭</label>
        <input type="radio" id="status" name="status" value="3"/>
        <label>所有</label>
    </c:if>
    <c:if test="${param. status eq '0'}">
        <input type="radio" id="status" name="status" value="1" />
        <label>已批准</label>
        <input type="radio" id="status" name="status" value="0" checked/>
        <label>待审批</label>
        <input type="radio" id="status" name="status" value="2"/>
        <label>已关闭</label>
        <input type="radio" id="status" name="status" value="3"/>
        <label>所有</label>
    </c:if><c:if test="${param. status eq '2'}">
        <input type="radio" id="status" name="status" value="1" />
        <label>已批准</label>
        <input type="radio" id="status" name="status" value="0"/>
        <label>待审批</label>
        <input type="radio" id="status" name="status" value="2" checked/>
        <label>已关闭</label>
        <input type="radio" id="status" name="status" value="3"/>
        <label>所有</label>
    </c:if>
</td>
</tr>
<tr>
<td colspan="6" class="command">
    <input type="submit" class="clickbutton" value="查询"/>
    <input type="reset" class="clickbutton" value="重置"/>
```

```
                </td>
        </tr>
    </table>
</fieldset>
</form>
<c:if test="${requestScope.search eq 1 }">
<div>
        <h3 style="text-align:center;color:black">查询结果</h3>
        <div class="pager-header">
            <div class="header-info">
                共<span class="info-number">54</span>条结果,
                分成<span class="info-number">6</span>页显示,
                当前第<span class="info-number">1</span>页
            </div>
            <div class="header-nav">
                <input type="button" class="clickbutton" value="首页"/>
                <input type="button" class="clickbutton" value="上页"/>
                <input type="button" class="clickbutton" value="下页"/>
                <input type="button" class="clickbutton" value="末页"/>
                跳到第<input type="text" id="pagenum" class="nav-number"/>页
                <input type="button" class="clickbutton" value="跳转"/>
            </div>
        </div>
</div>
<table class="listtable">
    <tr class="listheader">
        <th>姓名</th>
        <th>账号名</th>
        <th>联系电话</th>
        <th>电子邮件</th>
        <th>操作</th>
    </tr>
    <c:forEach var="emp" items="${requestScope.employeesList}">
```

```
    <tr>
        <td> ${emp. employeename} </td>
        <td> ${emp. username} </td>
        <td> ${emp. phone} </td>
        <td> ${emp. email} </td>
        <c:if test = "${emp. status eq '2' }" >
        <td>
            账号已关闭
        </td>
        </c:if>
        <c:if test = "${emp. status ne '2' }" >
        <td>
            <a class = "clickbutton" href = "#" >关闭账号</a>
        </td>
        </c:if>
    </tr>
    </c:forEach>
    </table>
</div>
</c:if>
```

完成了以上两个步骤后，最后测试一下效果。查询名为"王晓华"、状态为"已批准"的人员信息，用户名为空值。测试效果如图 4-53 所示，说明能正常显示出来。

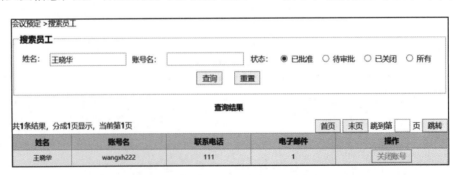

图 4-53　查询名为"王晓华"、状态为"已批准"的人员信息

查询一个名为"linyk"的用户，状态为"已关闭"，姓名不设置，为空值，如图 4-54 所示。

图 4-54 查询名为 linyk 的人员

在上面的搜索条件上修改状态，改成状态为"已批准"，姓名输入框依然不填，为空值。同样能正确查询出来，如图 4-55 所示。

图 4-55 查询名为 linyk 的人员

步骤 3：分页显示。

在之前的步骤中，查询员工时是返回所有员工信息并显示出来。假设员工信息有 100 条，如果要分页显示，则可以查询 10 次，每次显示 10 条记录。

微课 4-20
实现分页显示

本项目中，先要修改 EmployeeDAO 类，增加新的方法 selectEmployee-sOfOnePage( )，该方法其实和步骤 1 中的 selectEmployeesByNameStatus( )方法很类似，只是在写 SQL 语句时，使用 limit 来分页查询。注意：limit 后面整数的含义，第一个是索引值，从 0 开始；第二个是每页需要查询的数量，当前默认为 3。EmployeeDAO 类的 selectEmployee-sOfOnePage( )方法的代码如下：

```
//根据姓名、用户名、状态,查询当前页的员工信息,返回到集合中
    public  List < Employee >  selectEmployeesOfOnePage ( String  employeename, String
username,String status,int start,int end) {
```

```
        conn = ConnectionFactory. getConnection( ) ;
        List<Employee> employeeslist = new ArrayList<Employee>( ) ;
        Employee employee = null ;
        try {
            PreparedStatement st = null ;
            String sql = null ;
            //定义三个字符串变量分别保存针对名字、用户名和状态的搜索条件
            String usernamesql, employeenamesql, statussql ;
            …
        }
        / * limit 是 MySQL 中用来分页查询的。第一个 int 参数表示开始的索引,从 0 开
始;第二个参数表示要查询的条数 * /
        sql = " select  *  from Employee where role = '2' " +usernamesql+employeenamesql+sta-
tussql+" limit " +start+" , " +end ;
        st  =  conn. prepareStatement( sql ) ;
        ResultSet rs  = st. executeQuery( sql ) ;
        while( rs. next( ) ) {
            …
            employeeslist. add( employee ) ;
        }
        …
        return employeeslist ;
    }
```

修改 EmployeeService 类，增加 3 个变量，保存关键数据。代码如下：

```
public class EmployeeService {
    //Service 类关联 DAO 类
    private EmployeeDAO dao = new EmployeeDAO( ) ;
    //保存登录成功后的 Employee 对象
    private Employee loginedEmployee ;
    //保存页数
    private int countOfPages ;
    //保存所有记录数量
```

```
        private int countOfEmployees;
        //保存每一页记录数
        private int pageSize＝3；
        …
}
```

修改 EmployeeService 类的 searchEmployees 方法，获得记录数量。代码如下：

```
//查询所有记录集合
public List<Employee> searchEmployees(String employeename,String username,String sta-
tus){
        List<Employee> list＝dao. selectEmployeesByNameStatus(employeename, username,
status);
        countOfEmployees＝list. size();
        return list；
}
```

修改 EmployeeService 类，添加 4 个新的方法，分别实现“查询每一页的数据集合”
“返回总页数”“返回所有记录条数和”和“返回每页的记录条数”功能。代码如下：

```
//查询每一页的数据集合
public List<Employee> searchEmployeesOfOnePage
(String employeename,String username,String status,int start,int end){
        return  dao. selectEmployeesOfOnePage(employeename, username, status, start,
end)；
}
//返回总页数
public int getCountOfPages(){
        countOfPages＝(countOfEmployees％pageSize＝＝0)？ countOfEmployees/pageSize：
countOfEmployees/pageSize+1；
        return this. countOfPages；
}
//返回所有记录条数
public int getCountOfEmployees(){
        return this. countOfEmployees；
}
```

```
//返回每页的记录条数,默认为 3
public int getPageSize( ){
    return this. pageSize;
}
```

修改 SearchEmployeesServlet 类的 doPost 方法，获得当前页码 pageNum，获得关键变量，包括记录数量、页数和当前页起始位置，将关键数据都保存为请求属性。代码如下：

```
public void doPost( HttpServletRequest request, HttpServletResponse response)
        throws ServletException, IOException {
    …
    String status = request. getParameter( "status" );
    //当前页码,如果 pageNum 为空,则表示第一次查询,则显示第一页
    String pageNumStr = request. getParameter( "pageNum" );
    int pageNum = 0;
    if( pageNumStr = = null | | pageNumStr. equals( "" ) ){
        pageNum = 1;
    } else {
        pageNum = Integer. parseInt( pageNumStr );
    }
    //每页的记录数量
    int pageSize = service. getPageSize( );
    //起始记录索引
    int start = ( pageNum−1) * pageSize;
    //查询的数量,即每页的行数
    int end = pageSize;
    //获得所有记录数量,先调用 DAO 中的 search 方法
    service. searchEmployees( employeename, username, status);
    int countOfEmployees = service. getCountOfEmployees( );
    //页数
    int countOfPages = service. getCountOfPages( );
    List<Employee> list = service. searchEmployeesOfOnePage( employeename, username,
status , start , end);
    request. setAttribute( "employeesList", list);
```

```
//使用 search 标记调用了 SearchEmployeesServlet,即显示结果表格
request. setAttribute("search", "1");
//存储页数、所有记录的数量、当前页码
request. setAttribute("countOfPages", countOfPages);
request. setAttribute("countOfEmployees", countOfEmployees);
request. setAttribute("pageNum", pageNum);
request. getRequestDispatcher("searchemployees. jsp"). forward(request, response);
    }
}
```

修改 searchemployees. jsp 页面。在该页面获得请求属性，显示记录数量、页数，默认显示第一页。根据当前页码判断是否有上一页或下一页，即首页没有上一页，最后一页没有下一页。对首页、上一页、下一页和末页，填写链接访问的 URL，注意传正确参数。实现跳转功能：因为不是 form 提交，为了获得输入的页码，需要使用 JS 提交请求。修改"关闭账号"链接 URL，传递 pageNum，以便保存跳转的页码。代码如下：

```
<html>
<head>
…
<script type="text/javascript">
function goToOnePage(employeename,username,status) {
    var pageNum=document. getElementById("pageNum"). value;
    if(pageNum=="") {
        window. location. href="#";
    }else{
window. location. href="SearchEmployeesServlet? employeename="+employeename+
"&username="+username+"&status="+status+"&pageNum="+pageNum;
    }
}
</script>
…
</head>
<body>
…
```

```
<div class="header-info">
    共<span class="info-number">${requestScope.countOfEmployees}</span>条结果,
    分成<span class="info-number">${requestScope.countOfPages}</span>页显示,
    当前第<span class="info-number">${requestScope.pageNum}</span>页
</div>
<div class="header-nav">
    <input type="button" class="clickbutton" value="首页"
     onclick="window.location.href='SearchEmployeesServlet?employeename=$
{param.employeename}&username=${param.username}&status=${param.status}
&pageNum=1'" />
    <c:if test="${requestScope.pageNum ne '1'}">
        <input type="button" class="clickbutton" value="上页"
     onclick="window.location.href='SearchEmployeesServlet?employeename=
${param.employeename}&username=${param.username}&status=${param.status}
&pageNum=${requestScope.pageNum-1}'" />
    </c:if>
    <c:if test="${requestScope.pageNum ne requestScope.countOfPages}">
        <input type="button" class="clickbutton" value="下页"
onclick="window.location.href='SearchEmployeesServlet?employeename=
${param.employeename}&username=${param.username}&status=${param.status}
&pageNum=${requestScope.pageNum+1}'"/>
    </c:if>
    <input type="button" class="clickbutton" value="末页"
     onclick="window.location.href='SearchEmployeesServlet?employeename=
${param.employeename}&username=${param.username}&status=${param.status}
&pageNum=${requestScope.countOfPages}'" />
    跳到第<input type="text" id="pageNum" name="pageNum"
        class="nav-number" value=${param.pageNum}>页
<input type="button" class="clickbutton" value="跳转"
onclick="goToOnePage('${param.employeename}','${param.username}',
'${param.status}')"/>
</div>
```

```
...
</body>
```

3. 人员访问次数统计

使用上下文对象来实现网站人员次数统计。之所以选用上下文对象是因为每个应用下面都有一个唯一的上下文对象，如果把访问人数的变量放到上下文对象里，每一次访问，不论通过哪个客户端，也不论何时访问，都把这个变量增加 1 即可。

因为上下文对象是唯一的，放在上下文对象里的变量类似于一个全局变量，所以，这个变量可以在任意时刻从上下文对象里取出来。

该功能的实现流程如图 4-56 所示。

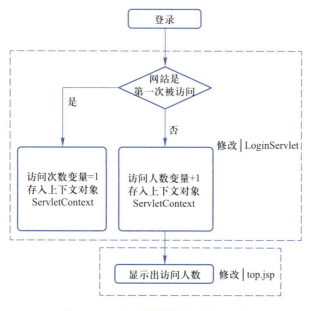

微课 4-21
人员访问次数统计

图 4-56 "人数统计功能" 实现流程

步骤 1：修改 LoginServlet 类。

登录之后，需要存放访问人数这个变量，所以需要修改 LoginServlet 类。

在 LoginServlet 类的 doPost( ) 方法中，先得到一个上下文对象，找一找是否存在访问人数变量，如果存在该变量，就取出来使用；如果不存在，说明是第一次访问，把该变量初始化为 0。每一次登录成功或每一次访问，这个变量都增加 1。最后把得到的访问人数在 top.jsp 显示出来。

该步骤中，主要在 LoginServlet 类的 doPost( ) 方法中，向上下文对象中存一个变量。

通过 this. getServletContext( )方法可以获得一个 ServletContext 上下文对象。然后对 Servlet-Context 上下文对象中是否有访问次数变量 visitcount 属性进行查看。如果没有这个变量，表示是第一次访问，把统计访问人数的 visitcount 变量赋值为 0；如果有，取出这个属性值赋值给统计访问人数的 visitcount 变量。不论是否是第一次访问，每次登录成功之后，都把统计访问人数的 visitcount 变量增加 1，更新后的变量再存储到上下文中。这样就能保证只要有一个人登录成功了，就把这个变量增加了 1。上下文对象永远只有一个，这个变量是存在上下文对象中的，所以它永远是唯一的。修改后的 LoginServlet 类代码如下：

```
//登录成功
if( flag = = 1) {
    //获得上下文对象
    ServletContext ctxt = this. getServletContext( ) ;
    //判断上下文对象中是否存在 visitcount,不存在初始为 0,存在则取出使用
    int visitcount ;
    if( ctxt. getAttribute( "visitcount" ) = = null) {
        visitcount = 0 ;
    } else {
        visitcount = Integer. parseInt( ctxt. getAttribute( "visitcount" ). toString( ) ) ;
    }
    //visitcount 自增 1,并保存到上下文中
    visitcount++ ;
    ctxt. setAttribute( "visitcount" , visitcount ) ;
……
```

步骤 2：显示访问次数。

接下来，在顶部页面 top. jsp 中把访问次数显示出来，需要把上下文对象里的 visitcount 属性显示出来。使用 EL 表达式语言能很便利地显示一个上下文范围的属性。表达式语言有一个 applicationScope 内置对象，可以利用它来获得访问次数。代码如下：

```
目前网站访问次数:<font color='red'>${ applicationScope. visitcount} </font>
```

下面测试一下效果。登录成功后，在主界面上方可以看到目前的网站的总访问次数，如图 4-57 所示。

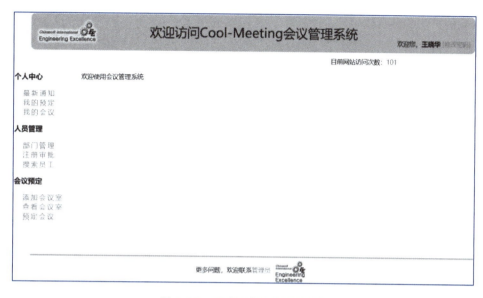

图 4-57　显示网站的总访问次数

退出后重新登录，可以看到网站的访问统计次数加 1，如图 4-58 所示。

图 4-58　显示网站的总访问次数加 1

知识小结【对应证书技能】

本任务主要介绍了 Cookie 接口和 ServletContext 接口的用法，读者应当掌握生成复杂

SQL 语句的方法和分页技术。

首先，本任务通过员工自动登录功能介绍了 Cookie 接口的使用方法。用户登录成功后，在 Servlet 中，按照用户设置的登录有效时间长，使用 Cookie 把用户名和密码保存起来。在访问登录页面之前，使用过滤器判断 request 请求对象中是否有已经保存的用户名和密码 Cookie 对象。如果有，就无需用户输入用户名和密码，直接跳转到主页面。

其次，通过搜索员工功能介绍了复杂 SQL 语句和分页。可以通过员工姓名、用户名、状态搜索，如果某一项为空，则不作为查询条件，再对查询结果进行分页显示。

最后，通过统计网站人员访问次数介绍了 ServletContext 接口的使用方法。ServletContext 和请求 request 以及会话 session 一样，可以存储属性，存到 ServletContext 里面的数据，就是全局的数据。

本任务知识技能点与等级证书技能的对应关系见表 4-26。

表 4-26   任务 4.7 知识技能点与等级证书技能对应

任务 4.7 知识技能点		对应证书技能		
知识点	技能点	工作领域	工作任务	职业技能要求
1. response 得到所有 Cookie 对象 2. request 添加 Cooike 对象 3. Cookie 4. 分页 5. ServletContext	1. 控制页面的流程 2. JSP Cookie 处理 3. 分页显示并更新数据 4. 动态显示全局数据	2. 应用程序代码编写	2.4 JSP 动态网页开发	2.4.1 中的熟练掌握请求和响应 2.4.2 熟练掌握 Session、Cookie、ServletContext 接口使用方法 2.4.4 能够参照示例在页面中向数据库添加数据、以分页的形式显示数据库中的数据并对数据进行更新

知识拓展

（1）Session 简介

除了使用 Cookie，Web 应用程序中还经常使用 Session 来记录浏览器端状态。Session 是另一种记录客户状态的机制，不同的是 Cookie 保存在浏览器端中，而 Session 保存在服务器上。浏览器端浏览器访问服务器的时候，服务器把浏览器端信息以某种形式记录在服务器上，这就是 Session。浏览器端再次访问时，只需要从该 Session 中查找该客户的状态就可以了。

微课 4-22
Session 介绍

Session 在使用上比 Cookie 简单一些，相应的也增加了服务器的存储压力。JSP 利用 Servlet 提供的 HttpSession 接口来识别一个用户，存储这个用户的所有访问信息。

（2）Session 的使用

案例：利用 Session 实现人数统计。

本案例描述了如何使用 HttpSession 对象来获取创建时间和最后一次访问时间，如果这个对象尚未存在的话，为 request 对象关联一个新的 Session 对象。index. jsp 代码如下：

```jsp
<%@ page language = "java" contentType = "text/html; charset = UTF-8"
    pageEncoding = "UTF-8"%>
<%@ page import = "java. io. * ,java. util. * " %>
<%
    //获取 session 创建时间
    Date createTime = new Date(session. getCreationTime( ));
    //获取最后访问页面的时间
    Date lastAccessTime = new Date(session. getLastAccessedTime( ));

    String title = "再次访问 Session 实例";
    Integer visitCount = new Integer(0);
    String visitCountKey = new String("visitCount");
    String userIDKey = new String("userID");
    String userID = new String("ABCD");

    //检测网页是否有新的访问用户
    if (session. isNew( )){
      title = "访问 Session 实例";
      session. setAttribute(userIDKey, userID);
      session. setAttribute(visitCountKey, visitCount);
    } else {
      visitCount = (Integer)session. getAttribute(visitCountKey);
      visitCount += 1;
      userID = (String)session. getAttribute(userIDKey);
      session. setAttribute(visitCountKey, visitCount);
    }
%>
<html>
<head>
```

```
<title>Session 跟踪</title>
</head>
<body>

<h1>Session 跟踪</h1>

<table border="1" align="center">
<tr bgcolor="#949494">
  <th>Session 信息</th>
  <th>值</th>
</tr>
<tr>
  <td>id</td>
  <td><% out. print( session. getId( ) ) ; %></td>
</tr>
<tr>
  <td>创建时间</td>
  <td><% out. print( createTime) ; %></td>
</tr>
<tr>
  <td>最后访问时间</td>
  <td><% out. print( lastAccessTime) ; %></td>
</tr>
<tr>
  <td>用户 ID</td>
  <td><% out. print( userID) ; %></td>
</tr>
<tr>
  <td>访问次数</td>
  <td><% out. print( visitCount) ; %></td>
</tr>
</table>
</body>
</html>
```

测试一下，访问 http://localhost:8080/testjsp/main.jsp，第一次运行时将会得到如图 4-59 所示的结果，访问次数为 0。

再次访问，访问次数就为 1 了。

（3）删除 Session

当处理完一个用户的会话数据后，可以有如下选择。

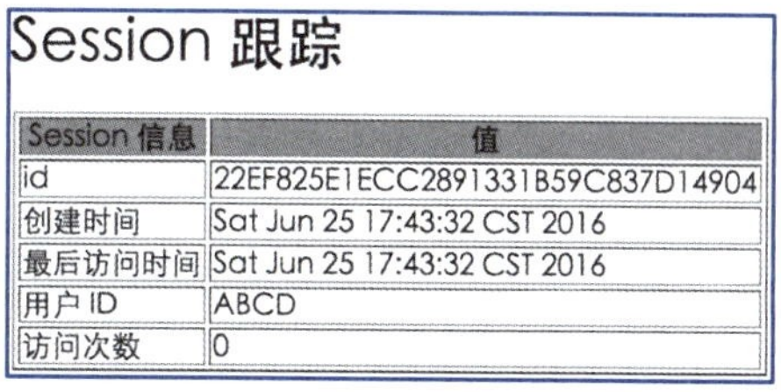
Session 跟踪

Session 信息	值
id	22EF825E1ECC2891331B59C837D14904
创建时间	Sat Jun 25 17:43:32 CST 2016
最后访问时间	Sat Jun 25 17:43:32 CST 2016
用户 ID	ABCD
访问次数	0

图 4-59 Session 访问

1）移除一个特定的属性：可以调用 public void removeAttribute(String name)方法来移除指定的属性。

2）删除整个会话：可以调用 public void invalidate()方法来使整个 Session 无效。

3）设置会话有效期：可以调用 public void setMaxInactiveInterval(int interval)方法来设 Session 超时。

4）登出用户：可以调用 logout()方法来登出用户，并且使所有相关的 Session 无效。

任务 4.8 项目打包与发布

任务描述

本任务是要实现在 Linux 环境下打包与发布项目。Linux 操作系统因其开放、安全、稳定的特点，非常适用于需要运行各种网络应用程序并提供各种网络服务的场景，它已经成为主流的搭建服务器和运行程序的操作系统。在本任务中，需要用开发工具将项目打包并发布到 Linux 环境下来运行。

知识准备

1. Xshell 和 Xftp

Xshell 是一个强大的安全终端模拟软件。使用它可以在 Windows 下用来访问远端操作系统，从而比较好的达到远程控制终端的目的。除此之外，Xshell 还有丰富的外观配色方案以及样式选择。

Xftp 是一个功能强大的 SFTP、FTP 文件传输软件，能使 Windows 用户安全地在 UNIX/Linux 和 Windows 之间传输文件。

通常将 Xftp 和 Xshell 配合使用来部署环境。Xftp 为可视化工具，用来复制文件；Xshell 则通过输入命令来对系统进行操作，如启动服务、安装软件等等。

2. Linux 操作系统

Linux 全称为 GNU/Linux，是一套免费使用和自由传播的类 UNIX 操作系统，是一个基于 POSIX 的多用户、多任务、支持多线程和多 CPU 的操作系统。Linux 操作系统具有源代码公开、安全性强、便于定制和再开发、互操作性强等特点。伴随着互联网的发展，Linux 得到了来自全世界软件爱好者、行业组织及 IT 公司的支持。它除了在服务器方面保持着强劲的发展势头以外，在个人计算机、嵌入式系统上都有着长足的进步。

Linux 常用命令如下：

（1）cat 命令

功能：一是经常用来显示文件的内容；二是连接两个或多个文件。

一般格式：cat［选项］［FILE］…

（2）cd 命令

功能：用来改变工作目录。

一般格式：cd［dirname］

（3）ls 命令

功能：列出指定目录的内容（显示浏览指定目录下的文件信息）。

一般格式：ls［选项］…［FILE］…

（4）mkdir 命令

功能：创建目录。

一般格式：mkdir［选项］dirname…

（5）rmdir 命令

功能：可以从一个目录中删除一个或多个空的子目录。

一般格式：rmdir［选项］… dirname…

（6）vi 与 vim 命令

功能：vi 用于打开 vi 编辑器，vim 用于打开 vim 编辑器。

（7）pwd 命令

功能：显示出当前工作目录的绝对路径。

（8）su 命令

功能：可以更改用户的身份，如从超级用户 root 改到普通用户。

（9）chmod 命令

功能：用于改变文件或目录的访问权限，它是一条非常重要的系统命令。

任务实施

步骤 1：准备部署项目所需文件。

本任务需要两个文件：MySQL 数据库的 SQL 脚本文件 meeting. sql；项目打包后生成的 war 包 meeting_war. war。

步骤 2：使用 Xftp 连接服务器。

1）打开 Xftp，在菜单栏中选择"文件"→"新建"命令，弹出如图 4-60 所示的"新建会话属性"对话框。填写连接信息，自定义名称，主机填写要连接的服务器 IP 地址，用户名通常填写 root，密码填写对应的 root 用户的登录密码。

微课 4-23
项目部署

图 4-60 "新建会话属性"对话框

2）单击"连接"按钮，连接成功后，打开窗口如图 4-61 所示，左边是本地目录，右边是服务器目录，服务器的默认目录是"/root"目录。

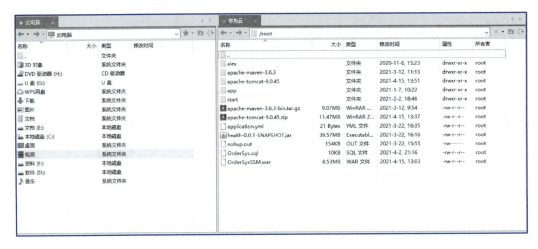

图 4-61　连接成功后窗口

3）将步骤 1 中准备的 SQL 脚本文件复制到 root 目录中。如果 Xftp 不支持拖动文件，则需要在左边的本地目录中右击文件，通过快捷菜单命令进行传输。

步骤 3：部署项目打包文件。

在服务器上找到解压后的 Tomcat 目录，进入 webapps 子文件夹，将 meeting_war. war 包放入 webapps 文件夹中，如图 4-62 所示。

华为云　×

/root/apache-tomcat-9.0.45/webapps

名称	大小	类型	修改时间	属性	所有者
..					
docs		文件夹	2021-4-15, 13:51	drwxr-xr-x	root
examples		文件夹	2021-4-15, 13:51	drwxr-xr-x	root
host-manager		文件夹	2021-4-15, 13:51	drwxr-xr-x	root
manager		文件夹	2021-4-15, 13:51	drwxr-xr-x	root
ROOT		文件夹	2021-4-15, 13:51	drwxr-xr-x	root
OrderSysSSM.war	8.53MB	WAR 文件	2021-4-15, 13:03	-rw-r--r--	root
meeting_war.war	4.21MB	WAR 文件	2021-4-26, 15:43	-rw-r--r--	root

图 4-62　部署项目打包文件

步骤 4：使用 Xshell 连接服务器终端。

1）打开 Xshell，在菜单栏中选择"文件"→"新建"命令，打开如图 4-63 所示"新建会话属性"对话框。在窗口中输入名称（自定义）与主机（服务器 IP 地址），单击左侧栏目中的"用户身份验证"项，然后填入用户名与密码，如图 4-63 所示。

图 4-63　"新建会话属性"对话框

2）单击"连接"按钮，打开如图 4-64 所示界面即为连接成功。

```
Connection established.
To escape to local shell, press 'Ctrl+Alt+]'.

WARNING! The remote SSH server rejected X11 forwarding request.
Last failed login: Mon Apr 26 12:59:07 CST 2021 from 81.69.18.110 on ssh:notty
There were 122 failed login attempts since the last successful login.
Last login: Thu Apr 15 21:06:11 2021 from 120.231.182.169

        Welcome to Huawei Cloud Service

[root@ecs-teacher ~]#
```

图 4-64　连接成功提示界面

步骤 5：建立数据库结构。

1）在图 4-64 所示界面输入如下命令：

> mysql −u root −p;

其中 root 是数据库用户名以及数据库 root 用户的密码，注意输入时没有回显，输入完按 Enter 键即可。出现"mysql>"提示符就可以输入 SQL 语句了。

2）使用如下 SQL 语句创建数据库，并使用该数据库：

> create database meeting;
> use meeting;

3）使用如下命令导入 SQL 文件。其中，source 是导入 SQL 文件的命令，波浪线"~"代表/root 目录（因为步骤 2 使用 Xftp 上传了 SQL 文件到/root 目录），meeting. sql 是 SQL 文件的名字。

> source 　~/meeting. sql

4）输入如下命令，界面上显示如图 4-65 所示，可以看见导入了一些表。

> show tables;

```
mysql> show tables;
+---------------------+
| Tables_in_meeting   |
+---------------------+
| counter             |
| department          |
| employee            |
| meeting             |
| meetingparticipants |
| meetingroom         |
+---------------------+
6 rows in set (0.00 sec)
```

图 4-65　meeting 数据库结构

5）使用 quit 命令退出 MySQL。

步骤6：启动 Tomcat 应用服务器。

Tomcat 文件夹的 bin 子文件夹下有一个 startup. sh 文件，在 Xshell 中执行该文件，如图 4-66 所示，即 Tomcat 应用服务器启动成功。

```
[root@VM_0_3_centos ~]# ~/apache-tomcat-9.0.43/bin/startup.sh
Using CATALINA_BASE:   /root/apache-tomcat-9.0.43
Using CATALINA_HOME:   /root/apache-tomcat-9.0.43
Using CATALINA_TMPDIR: /root/apache-tomcat-9.0.43/temp
Using JRE_HOME:        /usr/local/java/jdk1.8.0_231/jre
Using CLASSPATH:       /root/apache-tomcat-9.0.43/bin/bootstrap.jar:/root/apache-tomcat-9.0.43/bin/tomcat-j
uli.jar
Using CATALINA_OPTS:
Tomcat started.
```

图 4-66　Tomcat 应用服务器启动成功

步骤7：测试部署。

因为 Linux 操作系统比较注重安全，默认情况防火墙阻止大多数端口，无法访问。如果是在阿里云、腾讯云等购买的服务器，那么除了本机要开放端口，还需要登录到相应云提供商的控制台去打开端口。

在浏览器中输入"http://服务器 IP：端口号/meeting_war/"，显示界面如图 4-67 所示。

图 4-67　部署成功后访问

知识小结【对应证书技能】

本任务主要使用 Xftp 和 Xshell 连接 Linux 服务器，上传会议管理系统的数据库脚本文件和项目打包文件；在 Linux 操作系统环境下使用 MySQL 命令在 MySQL 数据库服务器上创建对应的数据库；使用 Xftp 在 Tomcat 应用服务器上部署对应的项目打包文件，并在 Linux 环境下启动 Tomcat 应用服务器，实现该项目的部署和访问。

本任务知识技能点与等级证书技能的对应关系见表 4-27。

表 4-27　任务 4.8 知识技能点与等级证书技能对应

任务 4.8 知识技能点		对应证书技能			
知识点	技能点	工作领域	工作任务	职业技能要求	等级
1. Xshell 和 Xftp 的使用 2. Linux 操作系统的使用	1. Xshell 和 Xftp 的下载与安装 2. Xftp 连接 Linux 操作系统 3. MySQL 数据安装与部署 4. Linux 环境下项目部署	3. 应用程序测试与部署	3.2 系统部署和验证	3.2.1 能够分析和制定应用程序的安装部署方法 3.2.2 能够在 Windows 和 Linux 上部署 Web 应用程序和数据库 3.2.3 能够验证系统功能的正常运行及可访问性	初级

项目总结

本项目实现了会议管理系统的功能需求，包括登录、注册模块以及会议室、部门、人员等多方位管理，涉及的主要模块包括以下几个。

1）登录注册模块：登录、注册、权限验证、审批。

2）会议室管理模块：增加、查看及修改会议室。

3）部门管理模块：增加、删除、查看会议，登录验证，使用 JSTL 和 EL 简化页面。

4）人员管理模块：人员自动登录、搜索员工、网站人员访问次数统计。

本项目通过 8 个任务，讲解了 HTML、CSS 以及 JavaScript 静态网站开发技术，Servlet、JSP、JavaBean、JSTL、EL、JUnit 以及其他常见的 Java Web 动态网站开发与测试等技能。

整个项目涵盖了 Java Web 开发从环境搭建、网站原型设计、网站开发、测试和部署的全过程，学完本项目，应该达到使用网页技术和 JSP、Servlet、JavaBean 等技术开发 Web 网站的能力，能实现 Java Web 程序的项目开发，并为以后使用 MVC 开发模式实现企业框架应用开发打下基础。

文本：参考答案

课后练习

一、选择题

1. 习惯上一般将对数据库中的数据做增删改查等操作的代码放置的位置是（　　）。

A. JSP

B. 实体类

C. Dao 类

D. Servlet

2. 在下列的 HTML 中，可以插入行的元素是（　　）。

A. <go>

B.

C. <break>

D. <lb>

3. 在 HTML 页面中引用名为"xxx.js"的外部脚本的正确语法是（　　　）。

A. <script src="xxx.js">

B. <script href="xxx.js">

C. <script name="xxx.js">

D. <script link="xxx.js">

二、填空题

1. EL 有四个 scope 对象，分别是_____、_____、_____、_____、_____。

2. Java Servlet 是运行在_____服务器或应用服务器上的程序，它是作为来自_____浏览器或其他_____客户端的请求和_____服务器上的数据库或应用程序之间的中间层。

3. 在 JSP 中，表示容器上下文对象的是_____。

三、简答题

1. 请简单描述 Servlet 中如何实现转发动作。

2. Tomcat 的目录结构有哪些，如何在 Tomcat 下部署多个项目？

四、实训题

使用 JSP+Servlet+JavaBean 框架设计一个简单的注册登录程序，要求如下：

1. JSP 端有三个页面 register.jsp、login.jsp 和 welcome.jsp，分别用于注册、登录以及欢迎页面。

2. 设计数据库，用于存放用户数据。

3. Beans 层实现用户的数据结构信息。

4. DAO 层实现用户数据的增、删、改、查。

5. 使用 Servlet 实现页面的跳转。要求 welcome.jsp 在用户没有登录的时候跳转回 login.jsp 页面，否则输出"欢迎，×××"，其中"×××"为对应的用户名。

［1］ Eckel B. Java 编程思想 ［M］. 4 版. 陈昊鹏，译. 北京：机械工业出版社，2007.

［2］ 张海藩，牟永敏. 软件工程导论 ［M］. 6 版. 北京：清华大学出版社，2013.

［3］ Frisbie M. JavaScript 高级程序设计 ［M］. 4 版. 李松峰，译. 北京：人民邮电出版社，2020.

［4］ 黄传禄，常建功，陈浩. 零基础学 Java ［M］. 5 版. 北京：机械工业出版社，2020.

［5］ 古凌岚，张婵，罗佳. Java 系统化项目开发教程 ［M］. 北京：人民邮电出版社，2018.